海南野生果树
资源图鉴

王甲水　马蔚红　主编

中国农业出版社
农村读物出版社
北京

编委会名单

前言

　　海南省位于北回归线以南，属热带季风海洋性气候，四季不分明，夏无酷热，冬无严寒，气温年较差小，年平均气温高；干季、雨季明显，冬春干旱，夏秋多雨，多热带气旋；光、热、水资源丰富，风、旱、寒等气候灾害频繁。年平均气温22.5 ～ 25.6℃，等温线向南弯曲呈弧线，由中部山区向沿海递增，沿海高于内陆，南部高于北部；年日照时数1 780 ～ 2 600h，太阳总辐射量4 500 ～ 5 800MJ/m²；年降水量1 500 ～ 2 500mm(西部沿海约1 000mm)，年降水量分布呈环状分布，东部多于西部，山区多于平原，山区又以东南坡最多。海南岛干湿季分明，雨季一般出现在5—10月，干季为11月至翌年4月，雨季降水约占年降水量的80%。海南植物种类资源丰富，已发现的植物种类有4 300多种，占全国植物种类的15%，有近600种为海南特有。果树植物种类繁多，包括变种、品种和变型共有300多种。

　　本图鉴编制工作从2014年开始，历时10年。编者团队多年来一直进行海南野生果树资源的野外调查、收集及鉴定等研究工作，在这基础上结合前人的研究成果，选择具有重要开发利用价值的果树种质资源共44科84属149种编入本书。本书采用图文并茂的方式介绍海南野生果树种质资源的种类、形态特征、地理分布、营养

成分、药用价值及经济价值等，对海南野生果树种质资源的保护、开发利用具有重要意义。

　　本书得到了农业农村部科技教育司、海南省科技厅、海南省农业农村厅及中国热带农业科学院相关项目的支持，真挚地感谢以上单位领导、专家的大力支持与帮助。同时，感谢在书籍编撰过程给予帮助的其他同行专家及编者单位同事。由于时间仓促，编者水平有限，书中疏漏难免，同时，书中列出的野生果树资源也未能覆盖海南全省，恳请读者及同行专家批评指正。

编　者

2023 年 10 月

目录

CONTENTS

CONTENTS

一、买麻藤科（Gnetaceae）

买麻藤属（Gnetum）

1. 买麻藤

【拉丁学名】*Gnetum montanum* Markgr.

【形态特征】大藤本，高10m以上，小枝圆或扁圆，光滑，稀具细纵皱纹。叶形大小多变，通常呈矩圆形，稀矩圆状披针形或椭圆形，革质或半革质，长10～25cm，宽4～11cm，先端具短钝尖头，基部圆或宽楔形，侧脉8～13对，叶柄长8～15mm。雄球花序1～2回三出分枝，排列疏松，长2.5～6cm，总梗长6～12mm，雄球花穗圆柱形，长2～3cm，径2.5～3mm，具13～17轮环状总苞，每轮环状总苞内有雄花25～45，排成两行，雄花基部有密生短毛，假花被稍肥厚呈盾形筒，顶端平，成不规则的多角形或扁圆形，花丝连合，约1/3自假花被顶端伸出，花药呈椭圆形，花穗上端具少数不育雌花排成一轮；雌球花序侧生老枝上，单生或数序丛生，总梗长2～3cm，主轴细长，有3～4对分枝，雌球花穗长2～3cm，径约4mm，每轮环状总苞内有雌花5～8，胚珠椭圆状卵圆形，先端有短珠被管，管口深裂成条状裂片，基部有少量短毛；雌球花穗成熟时长约10cm。种子呈矩圆状卵圆形或矩圆形，长1.5～2cm，径1～1.2cm，熟时呈黄褐色或红褐色，光滑，有时被亮银色鳞斑，种子柄长2～5mm。花期为6—7月，种子在8—9月成熟。

【地理分布】海南白沙：鹦哥岭；万宁：青皮林保护区；琼中：湾岭镇大墩村；三亚、乐东、保亭、陵水等市县有分布记录。生于海拔200～700m的山谷林中或林缘。

【营养成分】买麻藤果实成熟后可食，种子煮熟后也可食用。有文献记载，其果实中水分含量占了将近一半，含有维生素C、淀粉、膳食纤维、粗脂肪、单宁等多种营养成分。种子还可榨油和酿酒，树液可当作清凉饮料饮用，嫩叶在非洲地区是种重要的蔬菜。

【其他价值】（1）药用价值　买麻藤的茎、根、叶可入药，可祛风除湿，活血散瘀，消肿止痛，化痰止咳，行气健胃，接骨，因此又有别名接骨藤，用于风湿关节痛、腰痛、咽喉痛、咳嗽、脾胃虚弱、腰肌劳损、筋骨酸软、跌打损伤、骨折、溃疡出血。植物化学及药理学研究表明，其主要含有芪类、生物碱、挥发油、黄酮类等化合物，其中挥发油含有萜类、酯类、醇类及少量的酸类化合物；具有平喘、抗过敏、抗蛇毒等药理活性。（2）经济价值　其茎皮含韧性纤维，可织麻袋、渔网、绳索等，又可作人造棉的原料。

2. 小叶买麻藤

【拉丁学名】*Gnetum parvifolium* (Warb.) C. Y. Cheng.

【形态特征】缠绕藤本，高4～12m，常较细弱；茎枝圆形，皮土棕色或灰褐色，皮孔常较明显。叶椭圆形、窄长椭圆形或长倒卵形，革质，长4～10cm，宽2.5cm，先端急尖或渐尖而钝，稀钝圆，基部宽楔形或微圆，侧脉细，一般在叶面不甚明显，在叶背隆起，长短不等，不达叶缘即弯曲前伸，小脉在叶背形成明显细网，网眼间常呈极细的皱突状，叶柄较细短，长5～8mm。雄球花序不分枝或一次分枝，分枝三出或成两对，总梗细弱，长5～15mm，雄球花穗长1.2～2cm，径2～3.5mm，具5～10轮环状总苞，每轮总苞内具雄花40～70，雄花基部有不显著的棕色短毛，假花被略呈四棱状盾形，基部细长，花丝完全合生，稍伸出假花被，花药2，合生，仅先端稍分离，花穗上端有不育雌花10～12，扁宽三角形；雌球花序多生于老枝上，一次三出分枝，总梗长1.5～2cm，雌球花穗细长，每轮总苞内有雌花5～8，

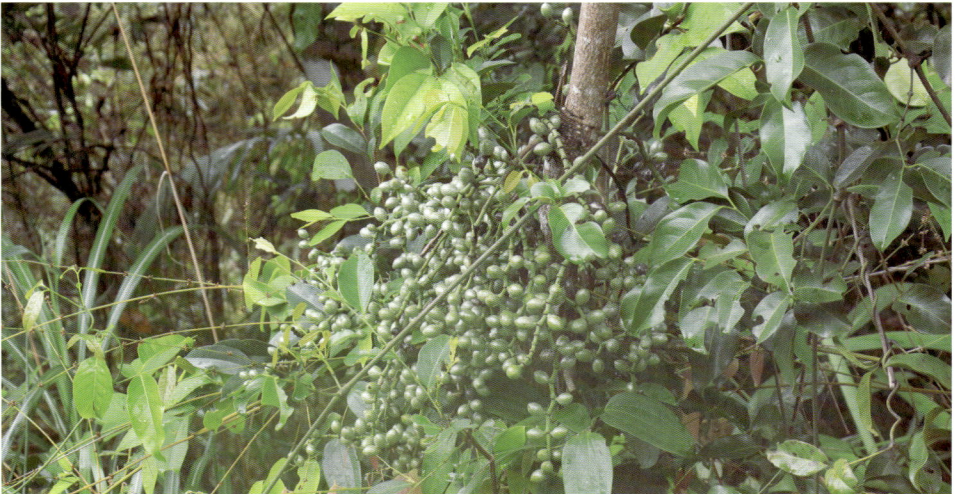

雌花基部有不甚明显的棕色短毛，珠被管短，先端深裂。雌球花序成熟时长10～15cm，轴较细，径2～3mm；成熟种子假种皮呈红色，长椭圆形或窄矩圆状倒卵圆形，长1.5～2cm，径约1cm，先端常有小尖头，种脐近圆形，径约2mm，干后种子表面常有细纵皱纹，无种柄或近无柄。

【地理分布】海南三亚：育才镇雅林村（原洋林村）；昌江：七叉镇。万宁：兴隆镇牛牯田村；澄迈：东边山村大王岭附近，昆仑农场；琼海：安竹。生于海拔150～800m的山地或丘陵林中。

【营养成分】小叶买麻藤果实成熟后可食，种子煮熟后也可食用。研究表明，其种子含水量较高；而总糖含量约占其干种子质量的一半，主要是多糖中的淀粉，其次是二糖，葡萄糖含量比果糖高，果糖含量最低；脂肪酸包括棕榈酸、十八烷酸、油酸、亚油酸、亚麻酸、花生酸6种；含有17种氨基酸，种类较为齐全，且包含8种人体必需的氨基酸；营养物质十分丰富。此外，其种子还可榨油及酿酒，树液可作为清凉饮料饮用，嫩叶在非洲地区是当地人民餐桌上的重要的蔬菜。

【其他价值】(1) 药用价值　小叶买麻藤的根、茎藤、叶可入药，有祛风活血、消肿止痛、化痰止咳之功效。据文献报道，其主要含有芪类、生物碱、挥发油、黄酮类等化合物，以芪类化合物如白藜芦醇、异丹叶大黄素及其低聚体和苷类含量最高；有平喘、抗过敏、抗蛇毒等药理作用。(2) 经济价值　其皮部纤维可作编制绳索的原料，其质地坚韧，性能良好。广东地区运用较多。

二、五味子科（Schisandraceae）

南五味子属（*Kadsura*）

3. 黑老虎

【拉丁学名】*Kadsura coccinea* (Lem.) A. C. Sm.

【形态特征】藤本，全株无毛。叶革质，长圆形至卵状披针形，长7～18cm，宽3～8cm，先端钝或短渐尖，基部宽楔形或近圆形，全缘，侧脉每边6～7条，网脉不明显；叶柄长1～2.5cm。花单生于叶腋，稀成对，雌雄异株。雄花花被片为红色，10～16片，中轮最大1片呈椭圆形，长2～2.5cm，宽约14mm，最内轮3片明显增厚，肉质；花托呈长圆锥形，长7～10mm，顶端具1～20条分枝的钻状附属体；雄蕊群呈椭圆体形或近球形，径6～7mm，具雄蕊14～48枚；花丝顶端为两药室包围着，花梗长1～4cm。雌花花被片与雄花相似，花柱短钻状，顶端无盾状柱头冠，心皮为长圆体形，50～80枚，花梗长5～10mm。聚合果为近球形，呈红色或暗紫色，径6～10cm或更大；小浆果倒卵形，长达4cm，外果皮革质，不显出种子。种子心形或卵状心形，长1～1.5cm，宽0.8～1cm。花期

为4～7月，果期为7～11月。

【地理分布】海南乐东：尖峰岭三分区；昌江：霸王岭东五林场附近；白沙：元门乡峒附近；五指山（市）：五指山；万宁：六连岭、南林乡；琼中：黎母岭、和平镇长沙村；琼海：石壁镇。多生于海拔600～1 000m山地疏林中。

【营养成分】黑老虎果实为聚合果，由30～70个小浆果聚合而成，其成熟果实为鲜红或紫黑色，无毒，可生食，是药食兼用的珍稀野生水果。黑老虎果皮中维生素C、维生素K$_1$含量较高，果肉果汁中维生素C含量丰富，果芯中的维生素C和烟酸含量也较高。果实中还含有丰富的维生素E、膳食纤维、蛋白质等；含有16种氨基酸，包括赖氨酸、苯丙氨酸、甲硫氨酸、苏氨酸、亮氨酸、异亮氨酸、缬氨酸等7种人体必需氨基酸；含有8种矿物质元素，其中K、Ca、Mn、Zn含量丰富；此外，果核中还含有总黄酮、总多酚，以及多种脂肪酸，包含油酸、亚油酸、α-亚麻酸和棕榈油等4种不饱和脂肪酸（UFA）。

【其他价值】（1）药用价值　黑老虎的根、茎为传统的中药材，其性温、味辛、微苦，具有一定的行气止痛、祛风活络、散瘀消肿之功效。常食其果，能清心益智、补血养颜。（2）观赏价值　黑老虎为四季常绿大藤本植物，枝条缠绕，姿态美，其红花、红果、聚合果可供观赏；树叶大而翠绿，可作绿廊、篱墙、屋顶、园门、居室、凉亭、园林配置，是很好的垂直绿化树种。（3）经济价值　其叶、茎、花、根等也有一定的经济价值，经过加工处理后，可以作为有机肥料、生产饲料，还可用于栽培食用菌等，果皮和果渣还可提取果胶、天然色素、膳食纤维等。

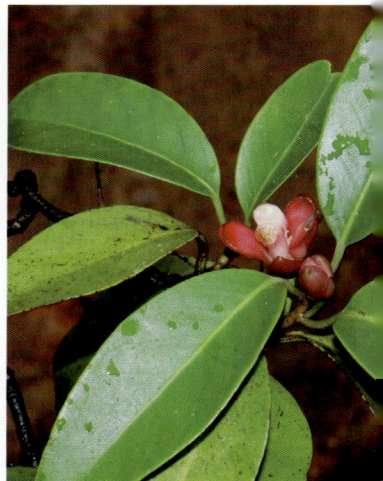

4. 冷饭藤

【拉丁学名】*Kadsura oblongifolia* Merr.

【形态特征】藤本，全株无毛。叶纸质，长圆状披针形、狭长圆形或狭椭圆形，长5～10cm，宽1.5～4cm，先端圆或钝，基部宽楔形，边有不明显疏齿，侧脉每边4～8条；叶柄长0.5～1.2cm。花单生于叶腋，雌雄异株；雄花的花被片为黄色，12～13片，中轮最大的1片呈椭圆形或倒卵状长圆形，长5～8mm，宽3.5～5.5mm，花托椭圆体形，顶端不伸长，雄蕊群呈球形，径4～5mm，具雄蕊约25枚，两药室长0.6～0.8mm，几无花丝，花梗长1～1.5cm；雌花的花被片与雄花相似，雌蕊35～50枚；花梗纤细，长1.5～4cm。聚合果呈近球形或椭圆体形，径1.2～2cm；小浆果呈椭圆形或倒卵圆形，长约5mm，顶端外果皮薄革质，不增厚。干时显出种子；种子2～3，肾形或肾状椭圆形，长4～4.5mm，宽3～4mm，种脐稍凹入。花期为7—9月，果期为10—11月。

【地理分布】海南白沙：鹦哥岭；保亭：毛感乡仙安石林；琼中：营根镇新市村、中平镇白马岭；澄迈：加乐镇产坡村；屯昌：乌坡镇；定安：母瑞山；海口：苍西乡。生于海拔500～1 200m的山地疏林中。

【营养成分】冷饭藤成熟果实可食用，目前尚未见关于其营养成分的研究报道，但同属植物黑老虎 *K. coccinea* 的果实含有丰富的维生素、膳食纤维、蛋白质、脂肪酸等；所含氨基酸种类齐全，还有 K、Ca、Mn、Zn 等 8 种矿物质元素，营养成分丰富，可为本种提供一定参考。

【其他价值】药用价值　冷饭藤的根、茎可作药用，味甘，性温，有祛风除湿、行气止痛之效。植物化学研究表明，木脂素、三萜和黄酮类化合物是冷饭藤的主要化学成分，药理学研究发现其有一定的抗炎、细胞毒活性、抗人类免疫缺陷病毒（HIV）等活性，具有一定药用价值。

三、番荔枝科（Annonaceae）

藤春属（*Alphonsea*）

5.阿芳（藤春）

【拉丁学名】*Alphonsea monogyna* Merr. & Chun.

【形态特征】乔木，高达12m；小枝被疏柔毛。叶近革质或纸质，椭圆形至长圆形，长7～14cm，宽3～6cm，顶端急尖或渐尖，基部阔楔形或稍钝，两面无毛，干后苍白色；侧脉每边9～11条，纤细，在叶缘前网结，两面稍凸起，网脉稍疏离，明显；叶柄长约5mm。花黄色，1～2朵生于被紧贴短柔毛的总花梗上；花梗长5～8mm，被锈色短柔毛，基部有卵形的小苞片1～2个；萼片阔卵形，长约2mm，被紧贴短柔毛；外轮花瓣呈长圆状卵形至卵形，长约10mm，急尖，内轮花瓣稍小，外面被

短柔毛；雄蕊长约1mm，药隔顶端急尖；心皮1个，呈圆柱状，稍被毛，内有胚珠约22颗，2排。果近圆球状或椭圆状，长2～3.5cm，直径1.7～2.5cm，密被污色短粗毛，有不明显的小瘤体。花期为1—9月，果期为9月至翌年春季。

【地理分布】海南三亚：田独镇白石岭、甘什岭；东方：东河镇南浪村九龙山、江边乡白查村、天安镇乡雅隆村"小桂林"；白沙：鹦哥岭；五指山（市）：毛祥山；保亭：南林乡、毛感乡千龙洞、七指岭；陵水：吊罗山；万宁：铜铁岭、通天岭、兴隆镇森林公园、青梅保护区；琼中：和平镇长沙村；定安：母瑞山。生于海拔800m以下的常绿林中。

【营养成分】果实成熟时可食用，但目前尚未见关于其营养成分的报道，其营养价值有待进一步研究。

【其他价值】（1）药用价值　藤春树干中含有多种生物碱，以及β-谷甾醇、胡萝卜苷、正十六烷酸、蔗糖等，在东南亚地区民间用于解热镇痛。（2）经济价值　其中的某些成分具有昆虫拒食活性，可制作昆虫拒食剂。其木材坚硬，结构密致，常用作建筑用材。花可提制芳香油。

假鹰爪属（Desmos）

6. 假鹰爪

【拉丁学名】*Desmos chinensis* Lour.

【形态特征】直立或攀缘灌木，有时上枝蔓延，除花外，全株无毛；枝皮粗糙，有纵条纹，有灰白色凸起的皮孔。叶薄纸质或膜质，长圆形或椭圆形，少数为阔卵形，长4～13cm，宽2～5cm，顶端钝或急尖，基部圆形或稍偏斜，正面有光泽，背面粉绿色。花呈黄白色，单朵与叶对生或互生；花梗长2～5.5cm，无毛；萼片卵圆形，长3～5mm，外面被微柔毛；外轮花瓣比内轮花瓣大，长圆形或长圆状披针形，长达9cm，宽达2cm，顶端钝，两面被微柔毛，内轮花瓣长圆状披针形，长达7cm，宽达1.5cm，两面被微毛；花托凸起，顶端平坦或略凹陷。雄蕊长圆形，药隔顶端截形；心皮长圆形，长1～1.5mm，被长柔毛，柱头近头状，向外弯，顶端2裂。果有柄，念珠状，

长2～5cm，内有种子1～7颗；种子呈球状，直径约5mm。花期夏至冬季，果期6月至翌年春季。

【地理分布】海南省乐东：尖峰镇沙模村、利国镇、白石岭；东方：东河镇南浪村九龙山、马鞍岭；昌江：霸王岭；白沙：元门乡翁村、牙叉镇、牙叉镇乡志道村及那放村、鹦哥岭；五指山（市）：南圣镇毛祥村、五指山脚。保亭：七指岭；陵水：吊罗山；万宁：兴隆镇铜铁岭以及礼纪镇石梅村、茄新村、大石岭村、东山岭；琼中：营根镇高田村大岭、乘坡镇吊罗山乡长田村；儋州：洛南村；琼海：石壁镇；文昌：潭牛镇坡头村。生于低海拔的旷地、荒野及山谷等处。

【营养成分】假鹰爪果实具有特殊的香气，其提取物中主要含有蒎烯、苧烯、松油烯、石竹烯、吉马烯等萜烯、倍半萜烯以及倍半萜烯醇类物质，倍半萜烯为假鹰爪果实挥发油中的主要成分。这类化合物常被用于药品和化妆品中，具有抗炎、抑菌等作用。

【其他价值】（1）药用价值　假鹰爪的根、叶可入药，有祛风、利湿、止痛、杀虫的功效。假鹰爪主要含黄酮和生物碱类化学成分，此外还含有三萜类化合物、挥发油类成分等，具有显著的生物学活性，具有抗菌、抗疟、抗氧化、杀虫等作用。（2）观赏价值　假鹰爪植株为常绿植物，枝繁叶茂，萌芽力强，常修剪成球形或半球形的树形。夏末秋初开花，呈黄绿色至黄色，花香，常用于园林。（3）经济价值　海南民间将假鹰爪的叶片作为原料，用以制作酒曲。花极香，可供提取芳香油，用于化妆品、香皂等。此外，其茎皮纤维还可作人造棉和造纸的原料，也可以代麻制绳索。

细基丸属（*Huberantha*）

7. 细基丸

【拉丁学名】*Huberantha cerasoides*（Roxb.）Chaowasku

【形态特征】乔木，高达20m，胸径20～40cm；树皮暗灰黑色，粗糙；韧皮部淡赭色，有清香气味；小枝密被褐色长柔毛，老枝无毛，有皮孔。叶纸质，长圆形至长圆状披针形，有时为椭圆形，长6～19cm，宽2.5～6cm，顶端钝，或短渐尖，基部阔楔形至圆形，叶面除中脉被微柔毛外无毛，干时蓝绿色，叶背淡黄色，被柔毛；侧脉每边7～8条，纤细，正面微凸起，背面凸起，网脉明显；叶柄长2～3mm，被疏粗毛，花单生于叶腋内，绿色，直径1～2cm；花梗长1～2cm，被淡黄色疏柔毛，中部以下有叶状小苞片1～2个；萼片长圆状卵圆形，长8～9mm，渐尖，外面被疏柔毛；花瓣内外轮近等长，或内轮的稍短，厚革质，长卵圆形，长8～9mm，被微毛，干后黑色；药隔顶端截形；心皮长圆形，被柔毛，柱头卵圆形，顶端全缘，每心皮有胚珠1颗，基生。果近圆球状或卵圆状，直径约6mm，红色，干后黑色，无毛；果柄柔弱，长1.5～2cm。花期为3—5月，果期为4—10月。

【地理分布】海南三亚：甘什岭；乐东：黄流镇；昌江：霸王岭尼下村、乌烈林场、七叉镇金鼓岭；白沙：元门乡翁村、鹦哥岭；保亭：毛感乡仙安

石林、南林乡一带；陵水：吊罗山白水岭；琼中：红毛镇附近、黎母岭脚；儋州：兰洋镇莲花山、龙山农场；澄迈：东边田村大王岭及附近。生于低海拔疏林中。

【营养成分】细基丸的成熟果实去皮可食，目前尚未见关于其果实营养成分的研究报道；但据文献记载，暗罗属的果实口味独特，富含香气、营养价值和抗菌活性，食用对降低血液中的胆固醇水平有一定帮助，并有助于预防心血管疾病。富含人体必需的膳食纤维。

【其他价值】(1) 药用价值　细基丸的叶和茎中含有大量的三萜类化合物，对于降低胆固醇、降血糖有一定效果；此外，还有一定的抗炎、抗菌和抗病毒功效。(2) 观赏价值　细基丸树形开展，其花、果量大，花为白色，果成熟时红色，颇具吸引力，观赏价值高，可作为园林景观植物栽培。(3) 经济价值　其茎皮含单宁，纤维坚韧，可作麻绳和麻袋的原材料等。木材坚硬，多用于农具和作建筑用材。

暗罗属（*Polyalthia*）

8. 沙煲暗罗

【拉丁学名】*Polyalthia obliqua* Hook. f. & Thomson

【形态特征】乔木，高达12m；树皮灰黑色；小枝密被锈色长柔毛，老枝无毛，有皮孔。叶纸质，呈长圆状披针形或倒披针形，长10～16cm，宽2.5～5mm，顶端钝或短渐尖，基部渐狭而稍偏斜呈浅心形，叶面无毛，叶背沿中脉被短柔毛；侧脉每边10～12条，纤细，正面扁平，背面稍凸起；叶柄长约2mm，被锈色柔毛。花白色，稍带黄色，微香，1～2朵生于矩状的短枝上；花梗长1～1.8cm，被短柔毛，近基部生有小苞片2～3个，萼片革质，三角状卵形，长约3mm，被疏柔毛，顶端钝；内外轮花瓣近等长，长圆形，长10～12.5mm，宽3～4.5mm，外面被柔毛，内面无毛，顶端稍钝；雄蕊卵状楔形，药隔顶端近截形，被短柔毛；心皮卵状长圆形，长1.5mm，被疏柔毛，柱头卵圆形，被疏柔毛，每心皮有胚珠2颗。果近圆球状，直径

1～1.5cm，绿色，无毛，内有种子2颗；果柄长7～20mm，有小瘤体。花期1—4月，果期为6月至翌年1月。

【地理分布】海南三亚：南山岭；乐东：尖峰岭天池、尖峰镇田子坡；东方：江边乡冲俄村；昌江：王下乡石灰岩山、霸王岭；白沙：元门乡附近、鹦哥岭；保亭：南林乡一带、七指岭、铁砧岭；万宁：兴隆镇铜铁岭、兴隆镇南旺水库哑巴田；琼中：湾岭镇大墩村、和平镇长沙村、吊罗山乡大丛村；儋州：南丰镇纱帽岭、莲花山。生于中海拔山地密林中。

【营养成分】沙煲暗罗的成熟果实味甜，去皮可食，目前尚未见关于其果实营养成分的研究报道。但据文献记载，暗罗属的果实口味独特，富含香气、营养价值和抗菌活性，且富含人体必需的膳食纤维。

【其他价值】(1) 药用价值　在沙煲暗罗叶精油的主要成分中，α-亚麻酸是人体必需的营养素之一，可降血脂、降血压，抑制出血性脑中风，对延缓衰老，抑制机体老化具有一定的效果。(2) 观赏价值　沙煲暗罗的树形开展，花、果观赏性高，可作为景观绿化植物。

9. 暗罗

【拉丁学名】*Polyalthia suberosa* (Roxb.) Thwaites

【形态特征】小乔木，高达5m；树皮老时栓皮状，灰色，有极明显的深纵裂；枝常有白色凸起的皮孔，小枝纤细，被微柔毛。叶纸质，椭圆状长圆形，或倒披针状长圆形，长6～10cm，宽2～3.5cm，顶端略钝或短渐尖，基部略钝而稍偏斜，叶面无毛，叶背被疏柔毛，老渐无毛；侧脉每边8～10条，纤细，正面不明显，背面略明显；叶柄长2～3mm，被微柔毛。花淡黄色，1～2朵与叶对生；花梗长1.2～2cm，被紧贴的疏柔毛，中部以下有1小苞片；萼片呈卵状三角形，长约2mm，外面被疏柔毛；外轮花瓣与萼片同形，但较长，内轮花瓣长于外轮花瓣约1～2倍，外面被柔毛，内面无毛；雄蕊卵状楔形，药隔顶端截形；心皮卵状长圆形，被柔毛，柱头卵圆形，被柔毛，每心皮有胚珠1颗，基生。果近圆球状，直径4～5mm，被短柔毛，成熟时果红色；果柄长5mm，被短柔毛。花期几乎全年，果期6月至翌年春季。

【地理分布】海南三亚：崖城镇猴子山至牛睡山一带、崖城镇南山；乐东：尖峰镇沙模村；昌江：霸王岭尼下村机保山、七叉镇皇帝洞；白沙：元门乡附近；五指山（市）：番阳镇附近、五指山。保亭：呀诺达热带雨林；陵水：吊罗山走官乡；万宁：东山岭脚、礼纪镇石梅村；琼中：红毛镇一带山地、营根镇附近；儋州：那大农场；临高：马袅乡；澄迈：古东村白石岭及附近；定安：母瑞山；海口：玉沙村。生于低海拔的疏林中或村边路旁。

　　【营养成分】暗罗的果实含有多种矿物质，其中K、Ca含量高。此外，研究表明，暗罗属的果实口味独特，富含香气、营养价值和抗菌活性，人类食用后可以降低血液中的胆固醇水平，并有助于预防心血管疾病，此外，富含人体必需的膳食纤维。

　　【其他价值】（1）药用价值　药理学研究表明，暗罗属*Polyalthia*植物的生物活性丰富，具有一定的止痛、解热、消炎、抗菌、抗溃疡、抗氧化、降糖的效果。而暗罗的根可入药，味辛、性温，有行气止痛、行气散结的功效。（2）观赏价值　暗罗为常绿灌木，其果序观赏性高，可作为庭院植物栽培。

海岛木属（*Trivalvaria*）

10. 陵水暗罗

【拉丁学名】*Trivalvaria costata*（Hook. f. & Thomson）I. M. Turne.

【形态特征】灌木或小乔木，高达5m；小枝被疏短柔毛。叶革质，长圆形或长圆状披针形，长9～18cm，宽2～6cm，顶端渐尖，基部急尖或阔楔形，两面无毛，干时蓝绿色；侧脉每边8～10条，正面扁平，背面凸起，顶端弯拱而联结，网脉不明显；叶柄长约3mm，被不明显微柔毛。花白色，单生，与叶对生，直径1～2cm；花梗短，长约3mm；萼片为三角形，长约2mm，顶端急尖，被柔毛；花瓣长圆状椭圆形，长6～8mm，内外轮花瓣等长或内轮的略短些，顶端急尖或钝，广展，外面被紧贴柔毛；药隔顶端截形，被微毛；心皮7～11个，被柔毛，柱头倒卵形，顶端浅2裂，被微毛，每心皮有胚珠1颗，基生。果卵状椭圆形，长1～1.5mm，直径8～10mm，初时绿色，成熟时红色；果柄短，长2～3mm，被疏粗毛。花期4—7月，果期7—12月。

【地理分布】海南三亚：三亚至罗蓬村、甘什岭水库；乐东：抱由镇；东方：江边乡白查村、东河镇南浪村九龙山；昌江：王下乡、霸王岭乌烈林场；

白沙：鹦哥岭；保亭：保亭公社七指岭八村、七指岭；万宁：六连岭下、礼纪镇石梅村、南桥镇长命田村；琼中：红毛镇附近；儋州：雅星镇英岛山溶洞。生于海拔800m以下森林中。

【营养成分】陵水暗罗的成熟果实可食用，目前尚未见关于其果实营养成分的研究报道；但据文献记载，暗罗属的果实口味独特，富含香气，营养价值较高，且富含人体必需的膳食纤维，可为本种提供一定参考。

【其他价值】（1）药用价值　其根可以药用，俗名黑皮根，性甘、味平，有补脾健胃、补肾固精的功效。广东、海南地区民间还将其用于治疗疟疾、肝炎、肺炎、梅毒等，也有将其根浸酒作为滋补品食用的习惯。韩公羽等发现陵水暗罗根中提取的暗罗素具有抗疟、抗霉菌的作用。（2）观赏价值　陵水暗罗的植株形态挺立，花及果观赏性均较高，可作为庭院植物栽培。

紫玉盘属（*Uvaria*）

11. 刺果紫玉盘

【拉丁学名】*Uvaria calamistrata* Hance

【形态特征】攀缘灌木；幼枝被锈色星状柔毛，老枝几无毛。叶近革质或厚纸质，长圆形、椭圆形或倒卵状长圆形，长5～17cm，宽2～7cm，顶端长渐尖或急尖，基部钝或圆形，叶面被稀疏星状短柔毛，老渐无毛，叶背密被锈色星状茸毛；侧脉每边8～10条，在叶面稍下凹或扁平，在叶背凸起；叶柄长5～10mm，被星状茸毛。花淡黄色，直径约1.8cm，单生或2～4朵组成密伞花序，腋生或与叶对生；萼片卵圆形，两面被锈色茸毛；内外轮花瓣近等大或外轮稍大于内轮，长圆形，长约8mm，两面被短柔毛；药隔顶端，圆形或钝，被微毛；心皮7～15个，被毛，柱头明显2裂而内卷，每心皮有胚珠6～9颗。果椭圆形，长2～3.5cm，直径1.5～2.5cm，成熟时红色，密被黄色茸毛状的软刺，内有种子约6颗；种子扁三角形，长约1cm，宽8mm，黄褐色。花期5—7月，果期7—12月。

【地理分布】海南三亚：甘什岭、河东镇罗蓬村；东方：浩壁岭；昌江：霸王岭；白沙：元门乡、鹦哥岭；保亭：南林乡四方岭、毛感乡仙安石林；万宁：兴隆镇南旺村、兴隆镇农场、礼纪镇石梅村博房岭、铜铁岭；琼中：太平峒长沙；澄迈：古东村白石岭及附近；文昌：铜鼓岭。生于低海拔至中海拔森林中。

【营养成分】刺果紫玉盘的成熟果实可食用，目前尚未见到关于其营养成分的研究报道。但资料表明，其同属植物山椒子 *U. grandiflora* 的果实所含营养物质十分丰富，具有总糖、膳食纤维、多种氨基酸、脂肪及蛋白质等多种营养成分，可为本种提供一定的参考。

【其他价值】（1）药用价值　其茎皮、叶及根均可入药，茎皮有收敛之效，而叶和根可用于治疗腰痛。植物化学及药理学研究表明，其根部含有桂皮酸、苯甲酸、番荔枝内酯类化合物、多氧取代环己烯类衍生物、多氧取代环己烯类化合物等多种化学成分；其中番荔枝内酯类化合物具有抗肿瘤活性。（2）观赏价值　其植株的花大而明显，果实极具特色，观赏价值高，可作为园林植物。（3）经济价值　其茎皮含单宁，且纤维坚韧，民间多用于编织绳索。

12. 山椒子

【拉丁学名】*Uvaria grandiflora* Roxb. Ex Hornem.

【形态特征】攀缘灌木；全株密被黄褐色星状柔毛至茸毛。叶纸质或近革质，长圆状倒卵形，长7～30cm，宽3.5～12.5cm，顶端急尖或短渐尖，有时有尾尖，基部浅心形；侧脉每边10～17条，在叶面扁平，在叶背凸起；叶柄粗壮，长5～8mm。花单朵，与叶对生，紫红色或深红色，形大，直径达9cm；花梗短，长约5mm；苞片2，形大，卵圆形，长3cm，宽2.5cm；萼片膜质，宽卵圆形，长2～2.5cm，宽2.5～3.5cm，顶端钝或急尖；花瓣卵圆形或长圆状卵圆形，长和宽约为萼片的2～3倍，内轮比外轮略大些，两面被微毛；雄蕊长圆形或线形，长7mm，药隔顶端截形，无毛；心皮长圆形或线形，长8mm，柱头顶端2裂而内卷，每心皮有胚珠30颗以上，2排。果长圆柱状，长4～6cm，直径1.5～2cm，顶端有尖头；种子卵圆形，扁平，种脐圆形；果柄长1.5～3cm。花期3—11月，果期5—12月。

【地理分布】海南三亚：甘什岭仲田水库；乐东：尖峰岭；白沙：鹦哥岭；万宁：兴隆镇森林公园；东方、昌江、儋州、定安有分布记录。生于低海拔疏林中或灌木丛中。

【营养成分】果实可食用，其果肉总糖含量达14.3%，膳食纤维含量较高，促进肠道蠕动，有助于缓解便秘，果实中含有17种氨基酸，其中7种为人体必需氨基酸。此外还含有少量的脂肪及蛋白质。

　　【其他价值】（1）**药用价值**　在民间，山椒子多作为传统药物用于多种疾病的治疗，其根、叶味苦、甘，性温，可祛风止湿，健胃行气。研究表明，其含有 β-谷甾醇、蒲公英赛醇、人参炔醇、苯甲酸和山柰酚等多种化合物，根、叶提取物中的番荔枝内酯有驱虫、抗肿瘤细胞毒性、抗微生物、抗寄生虫及抗肿瘤多药耐药的活性。（2）**观赏价值**　山椒子的花呈紫红色，大而艳丽，果实形状呈长条状，成熟时果皮为橘黄色，表面密被短茸毛，多个果实聚生在一起，造型奇特，既可观花又可观果，花果期可以达到6个月以上，而且叶子常绿，具有开发成垂直绿化景观植物的潜力。

四、樟科（Lauraceae）

鳄梨属（*Persea Mill.*）

13.鳄梨

又名油梨、牛油果、酪梨等。

【拉丁学名】*Persea americana* Mill.

【形态特征】多年生常绿乔木，株高可达15～30m，树形为塔形、倒卵形、圆形、半圆形或半椭圆形；树干光滑、粗糙；叶卵形、长倒卵形、倒卵形、椭圆形、披针形或尖椭圆形，长8～25cm，宽4～14cm，顶端锐尖或极尖，叶缘全缘形或波浪形；羽状脉，脉络凹陷、隆起或与叶面相平，成熟叶面颜色淡绿色、绿色或深绿色，叶柄长1.5～6cm，稍被茸毛；聚伞状花序在结果枝顶端、近顶端或叶腋，花序塔形、圆锥形或长圆锥形，花序长5～14cm，宽5～25cm；花小而密，花柄淡绿色，花被外多茸毛，属完全花；花瓣颜色淡黄色、黄绿色或绿色，花瓣3片，长4～8mm，萼片3片，长3～6mm，花柱直立或弯曲；能育雄蕊9，长约4mm，花丝丝状，扁平，密被疏柔毛；花药长圆形，先端钝，4室；第一、第二轮雄蕊花丝无腺体，花药药室内向，第三轮雄蕊花丝基部有一对扁平橙色卵形腺体，花药药室外向。退化雄蕊3，位于最内轮，箭头状心形，长约0.6mm，无毛，具柄，柄长约1.4mm，被疏柔毛。子房卵球形，长约1.5mm，密被疏柔毛，花柱长2.5mm，密被疏柔毛，柱头略增大，盘状。花属于完全花，但雌、雄异熟，根据雌雄蕊成熟时间和顺序不同，开花类型分为A型花和B型花两类。A型花，第一次开花在上午，雌蕊成熟，柱头容授粉，但花药（雄蕊）不成熟，中午或下午闭合；次日下午第二次开放，雄蕊成熟，可传粉，但柱头萎黄凋谢，不容授，傍晚花朵永久闭合。B型花，第一次开花是在下午，雌蕊成熟，柱头容授粉，但花药（雄蕊）尚未成熟，当天傍晚闭合；次日上午第二次开放，雄蕊成熟，花药可散发出花粉粒，但雌蕊已失去接受花粉受精的能力，下午花朵永久闭合。果实为球形、椭圆形、长球形、梨形、倒卵形或棒状，成熟果皮淡绿色、绿色、深绿色、红色、紫色或黑色，果皮表面光滑、粗糙或有瘤状突起；种子为球形、椭圆形、阔卵性、心形或面包形，居于果实基部、中部或顶端。

【地理分布】海南儋州宝岛新村、白沙大岭农场、儋州至白沙一线。

【营养成分】油梨果实是营养最丰富的水果，富含脂肪酸、蛋白质、矿物质元素、维生素和大量的膳食纤维等，每100克果肉热量超过221千卡①的能量，其含糖量在水果中最低，钠含量也很低，因此油梨被公认为高脂肪、高能量、低糖的健康的水果。油梨果实可食率可达到80%以上，其脂肪含量仅为6.50%～30.50%，其中70%的脂肪酸为亚油酸、油酸、棕榈油酸和亚麻酸等人体必需的不饱和脂肪酸，人体吸收率高达93.7%。果实还富含具有抗氧化和清除自由基的作用化学物质，如多酚、黄酮、植物甾醇、类胡萝卜素、生育酚等，是健康的亲脂抗氧化剂的重要来源。

油梨果肉的基本营养成分：水分含量70.0%～75.6%、粗脂肪含量6.5%～30.0%、蛋白质含量2.5%、膳食纤维6.8%）。油梨富含维生素和矿物质元素，维生素A 20～60mg/100g、维生素C 8.5mg/100g、维生素D 10mg/100g、维生素E 3mg/100g、维生素K 8mg/100g和维生素H 10mg/100g等近20种维生素和B族维生素（硫胺100mg/100g）、核黄素120mg/100g、烟酸1mg/100g、生物素10mg/100g以及泛酸、维生素B_6、维生素B_{12}和叶酸。矿物质包括钾720mg/100g、钙9mg/100g、铁0.17mg/100g、钠7mg/100g和磷55mg/100g等。牛油果能有效促进维生素A、维生素D、维生素K、维生素E等脂溶性营养物质的吸收，被称为营养助推器。

其他化学成分有植物甾醇、麦角甾醇、叶酸盐、肌醇、磷酸、卵磷脂、倍半萜。鳄梨的树叶和树皮含挥发油、甲基胡椒酚、α-蒎烯、黄酮、鞣质等。

【其他价值】油梨有"博士果"的美誉，含天然氨基酸、镁、铁和维生素A等，非常适合孕期女性和婴儿；其不饱和脂肪酸、胆固醇含量很低，适合老年人和高血脂高血压人群；低糖，是当今时代高能低糖的理想水果，也适合糖尿病人食用；其蛋白质是素食者很好的能量补充源，油梨是一种适应人群很广的功能性、保健性水果。

营养价值 油梨果实中富含人体所需的脂肪酸、蛋白质、维生素、矿物质等营养物质，在水果中营养价值居于前列，有"一个油梨相当于三个鸡蛋"的佳誉，半个油梨可满足人一天的营养需求，被誉为"树木黄油""生命之源"，是墨西哥等国主食之一。

美容护肤价值 油梨油含大量的不饱和脂肪酸和丰富的维生素，特别是维生素E及胡萝卜素，对紫外线有较强的吸收力，是护肤、防晒、保健化妆品的

---

① 千卡为非法定计量单位，1千卡≈4.186千焦。——编者注

天然优质原料，广泛用于化妆品。

油梨油含有不饱和脂肪酸、维生素A、维生素C等，具有保湿、去角质及防晒等护肤功效，具有修复受伤皮肤的作用，可长时间锁住细胞水分，深度滋润肌肤。维生素C和矿物质营养素，可促进血液循环和新陈代谢，改善或防止皮肤粗糙、老人斑、雀斑；不饱和脂肪酸和维生素E可改善末梢血管；维生素A可润滑皮肤，维生素B_1、B_2可预防色素沉着，具有较强的美肤效果。

油梨油还含有植物甾醇、麦角甾醇、叶酸盐、肌醇、磷酸、卵磷脂等有效成分，具有较好的润滑性、温和性、乳化性，稳定性也好，对皮肤的渗透力要比羊毛脂强，它对炎症、粉刺有一定的疗效。目前油梨油广泛应用于化妆品。

药用价值 油梨果肉含大量不饱和脂肪，油酸含量最多，可帮助降低人体中被氧化的低密度脂蛋白颗粒，具有降血脂和降胆固醇作用；同时果肉富含矿物质，高钾低钠，可有效降低胆固醇和血脂。

减肥价值 油梨果肉可明显提高人的饱腹感，在饮食中添加油梨果肉能显著减少饥饿感，适合减肥人群食用。近期研究发现，女性每天摄入一个牛油果作为饮食一部分，机体的内脏脂肪可明显减少，内脏脂肪和皮下脂肪的比例也有所下降，脂肪从器官中实现了重新分配。这就表明，每天摄入一个牛油果能改变女性机体腹部的脂肪分布，会影响个体储存机体脂肪的方式，减少其他疾病的风险，对健康非常有益。

经济价值 油梨是油脂工业的组成部分，也是食品工业的组成部分。油梨油营养成分与橄榄油相媲美，可加工成油梨油等油制品。油梨果肉可加工为果汁饮料、沙拉酱、果酱、果珍、奶昔、酸乳等。

【种群分类】

在古典分类学领域之外，最为普遍认可的就是按照原产地生态条件及驯化区域分为三个园艺种群：墨西哥园艺种 *P. americana var. drymifolia*、危地马拉园艺种 *P. nubigena var. guatemalensis* 和西印度群岛园艺种（或安替列群岛）*P. americana var. Americana*。三个园艺种群在树型、叶片、果实品质特性以及适应生态区域等方面存在很大差异性。

墨西哥园艺种，原产于墨西哥山地，适应地中海气候，自然分布在1 500～3 000m的海拔地区，生长可达高度15m，其具有较好的耐寒性和果实早熟的特点，果实相对偏小，果皮薄而光滑，种子偏大，果实成熟后多为紫黑色；嫩叶红色，揉碎有强烈的茴香气味，这是区别于西印度群岛园艺种和危地马拉园艺种的最重要的特征之一。

危地马拉园艺种，原产于危地马拉和墨西哥南部，自然分布在1 000～2 000m的海拔地区，生长可达高度30m，由于起源于热带高原气候，具备一定的耐寒性。与其他两个园艺种相比，具有种子小，果实品质好的特性，果实果皮厚，其中部分具有粗糙的和瘤状突起，成熟前一直保持绿色。

西印度群岛园艺种，原产于中美洲加勒比海的安替列群岛，又名海安替列群岛园艺种，自然分布在 1 000m 以下的海拔地区，适应潮湿的热带低海拔地区，生长可达高度 30m，耐寒性差，具备盐分、干旱等耐受性；与其他两个园艺种相比，果实果皮薄而光滑，呈淡黄绿色，果实含油量较低，含糖量较高（表1）。

杂交种，主要由两种或多种园艺种间自然或人工杂交获得，可具备以上三种园艺种的性状和特性；同时也可培育出具有优良性状的品种。

表1 三种基因型的具体表现

类型	墨西哥	危地马拉	西印度群岛
原产地	墨西哥高原	危地马拉高原	安替列群岛
适应气候	亚热带	亚热带	热带
耐寒性	强	中	弱
耐盐性	弱	中	强
缺铁黄化耐受性	中	弱	强
隔年结果	很少	较多	很少
外形			
节间长度	最长	长	最短
嫩枝皮孔	明显	不存在	不存在
树皮粗糙度	轻	轻	重
枝条茸毛	多	少	少
叶片			
大小	最小	大	最大
颜色	绿色	绿色	浅绿
新叶颜色	最绿	最红	黄绿
茴香味	通常有	无	无
底部蜡质	多	较少	较少

（续）

花			
季节	早	晚	早/中
开花到成熟	5—7月	10—18月	6—8月
花被宿存性	多	少	少
果蒂			
长度	短	长	短
粗度	中等	粗	细
形状	圆柱形	圆锥形	果蒂上存在钉状物
果实			
大小	微小到中	小到大	中到特大
形状	长椭圆形	多为圆形、球形	多样
果皮			
颜色	通常为紫色	黑色或绿色	浅绿—褐红色
表面	蜡质涂层	不规则粗糙	光泽
厚度	非超薄	厚	中等
石细胞	不存在	存在	少量
柔韧性	轻柔（膜状）	僵硬	似皮革硬
剥离（与果肉）	不容易	不确定	容易
种子			
比重	大	通常小	大
种皮	薄	通常薄	厚
种腔空隙	通常松动	紧密	通常松动
表面	光滑	光滑	粗糙
果肉			
风味	类茴香味，辛辣	油腻	甜，清淡

（续）

含油量	最高	高	低
纤维	常见	很少	中
冷藏耐受性	强	强	差

不同基因型的露兜树：

Reed，基因型为危地马拉型，表皮易剥落，种子大，果皮表面较平滑，开花类型为A型花，果实形状为球体，果实未成熟时和成熟后果皮颜色均为绿色，果皮厚度中等，平均单果重区间为481～680g。

Zutano，基因型为墨西哥型，表皮不易剥落，种子大小中等，果皮表面平滑，开花类型为B型花，果实形状为倒卵形，果实未成熟时和成熟后果皮颜色均为绿色，果皮薄，平均单果重区间为311～396g。

Donnie，基因型为西印度型，表皮易剥落，种子中等，果皮表面平滑，开花类型为A型花，果实形状呈梨形，果实未成熟时和成熟后果皮颜色均为绿色，果皮薄，平均单果重区间为397～680g。

Hass，基因型为杂交型，表皮易剥落，种子大小中等，果皮表面较粗糙，开花类型为A型花，果实形状为长倒卵形，果实未成熟时果皮颜色为绿色，成熟后果皮颜色为黑色，果皮厚度中等，平均单果重区间为170～396g。

五、露兜树科（Pandanaceae）

露兜树属（*Pandanus*）

14.露兜树

【拉丁学名】*Pandanus tectorius* Parkinson

【形态特征】常绿分枝灌木或小乔木，常左右扭曲，具多分枝或不分枝的气根。叶簇生于枝顶，三行紧密螺旋状排列，条形，长达80cm，宽4cm，先端渐狭成一长尾尖，叶缘和背面中脉均有粗壮的锐刺。雄花序由若干穗状花序组成，每一穗状花序长约5cm；佛焰苞长披针形，长10～26cm，宽1.5～4cm，近白色，先端渐尖，边缘和背面隆起的中脉上具细锯齿；雄花芳香，雄蕊常为10余枚，多可

达25枚，着生于长达9mm的花丝束上，呈总状排列，分离花丝长约1mm，花药条形，长3mm，宽0.6mm，基着药，药基心形，药隔顶端延长的小尖头长1～1.5mm；雌花序头状，单生于枝顶，圆球形；佛焰苞多枚，乳白色，长15～30cm，宽1.4～2.5cm，边缘具疏密相间的细锯齿，心皮5～12枚合为一束，中下部联合，上部分离，子房上位，5～12室，每室有1颗胚珠。聚花果大，向下悬垂，由40～80个核果束组成，圆球形或长圆形，长达17cm，直径约15cm，幼果绿色，成熟时橘红色；核果束倒圆锥形，高约5cm，直径约3cm，宿存柱头稍凸起呈乳头状、耳状或马蹄状。花期1—5月。

【地理分布】海南乐东：抱旺村、乐罗镇坡子村；万宁：坡罗村东部烟墩村、青皮林场保护区；儋州：那大镇；琼海：中原镇；西沙群岛：金银岛；定安、南沙群岛有分布记录。生于海边砂地上。

【营养成分】露兜树果实形似菠萝，因此在海南也被称为野菠萝，其果实基部可食用。露兜树中含有膳食纤维、粗脂肪、粗蛋白和总糖等营养成分，其中总糖含量较高；露兜树至少含有17种氨基酸，包括谷氨酸、赖氨酸、天冬氨酸等，其中有7种是人体必需的氨基酸，以丝氨酸和谷氨酸含量较高；含有维生素C、烟酰胺、维生素B_2和β-胡萝卜素等多种维生素，其中维生素C含量较高；此外，其还含有多种矿物质元素，包括Na、Mg、Fe、K、Ca、Cu、Zn、Co、P和Mn等矿物质元素，其中K含量较高。

【其他价值】（1）药用价值　根据资料记载，露兜树的干燥根、根茎及茎具有平肝清热、去湿利尿、发汗解表、行气止痛的功效。此外有研究表明，其根的水提液有降血糖作用；叶的提取物有中枢神经系统抑制作用及抑菌作用。（2）经济价值　叶片可提取出大量纤维素，是制作绳子、编织帽子和垫子及其他工艺品的优良原材料，此外，可提取汁液作为香料用来制作糕点和饮料，还可用作食品增香剂；果实总色素含量高且持续时间长，可作为口红色彩的添加剂及染料。露兜树具耐湿热、耐盐碱和阻减风沙等特性，可用于构建沿海防护林，更好地发挥其防风固沙的效益。

六、棕榈科（Palmae）

桄榔属（*Arenga*）

15. 桄榔

【拉丁学名】*Arenga westerhoutii* Griff.

【形态特征】叶簇生于茎顶，长5～6m或更长，羽状全裂，羽片呈2列排列，线形或线状披针形，长80～150cm，宽2.5～6.5cm或更宽，基部两侧常有不均等的耳垂，顶端呈不整齐的啮蚀状齿或2裂，上面绿色，背面苍白色；叶鞘具黑色强壮的网状纤维和针刺状纤维。花序腋生，从上部往下部抽生几个花序，当最下部的花序的果实成熟时，植株即死亡；花序长90～150cm，花序梗粗壮，下弯，分枝多，长达1.5m，佛焰苞多个，螺旋状排列于花序梗上；雄花大，长1.5～2cm，花萼、花瓣各3片，雄蕊多达100枚以上；雌花花萼及花瓣各3片，花后膨大。果实近球形，直径4～5cm，具三棱，顶端凹陷，灰褐色。种子3颗，黑色，卵状三棱形，悬胚乳均匀，胚背生。花期在6月，果实约在开花后2～3年成熟。

【地理分布】海南三亚：育才镇附近；昌江：七叉镇；儋州：那大；生于海拔600～1400m以下低地雨林中。

【营养成分】果实和茎中的髓可以用来制取食用淀粉，淀粉含量较高，含有17种氨基酸，其中8种是人体必需氨基酸；碳水化合物丰富，以及蛋白质和膳食纤维，少量脂肪，并含维生素B_1、维生素B_2、维生素B_5。此外，桄榔粉中矿物质元素不仅含有人体所需的大量微量元素如Ca和Mg，还含有Zn、Fe、Se、Mo等，其中，Zn、Fe含量尤为丰富。

【其他价值】（1）药用价值　桄榔果实在民间有悠久的药用历史，《开宝本草》记载："味苦，平，无毒，主宿血。"《本草纲目》中记载桄榔子性味："甘、平、无毒。作饼炙食腴美，令人不饥，补益虚羸损乏，腰脚无力，久服轻身辟谷。"《中国风味食品大全》则写道："桄榔粉性凉，有去湿热和滋补功效，对小儿疳积，发热，痢疾，咽喉炎症颇具功效。"民间多用桄榔子泡酒，对局部神经性疼痛、风湿骨痛、外伤性疼痛等均有一定的效果。（2）观赏价值　桄榔树形笔直，在成熟时其果序似一条瀑布，极具冲击力，可作为园林景观植物栽培。

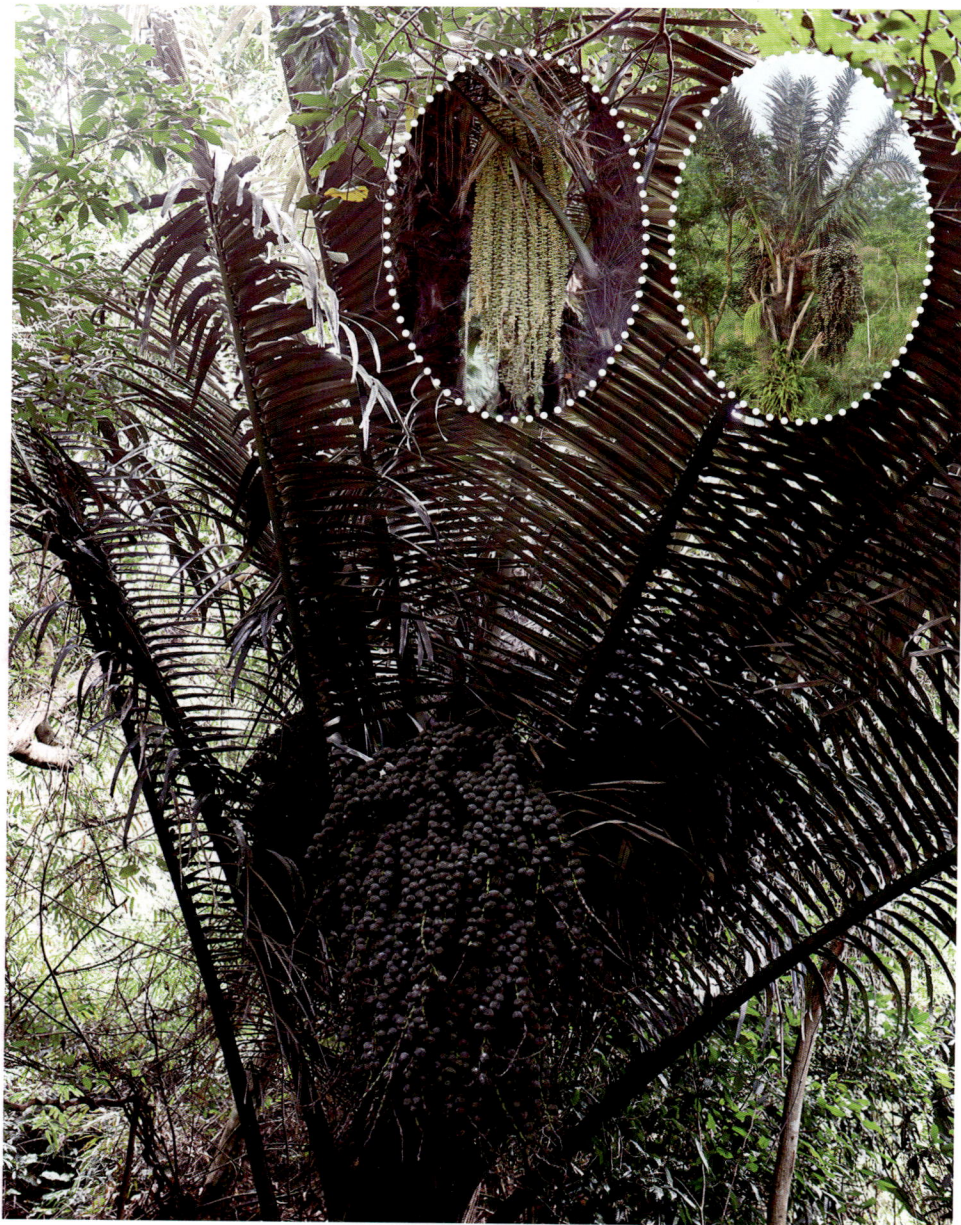

水椰属（*Nypa*）

16. 水椰

【拉丁学名】*Nypa fruticans* Wurmb.

【形态特征】根茎粗壮，匍匐状，丛生。叶羽状全裂，坚硬而粗，长4～7m，羽片多数，整齐排列，线状披针形，外向折叠，长50～80cm，宽3～5cm，先端急尖，全缘，中脉突起，背面沿中脉的近基部处有纤维束状、丁字着生的膜质小鳞片。花序长1m或更长；雄花序柔荑状，着生于雌花序的侧边；雌花序头状，顶生。果序为球形，上有32～38个成熟心皮，果实由1心皮发育而成，核果状，褐色，发亮，倒卵球状，长9～11cm，略压扁而具六棱，顶端圆，基部渐狭，外果皮光滑，中果皮肉质具纤维，内果皮呈海绵状。种子近球形或阔卵球形，长3～4cm，直径约4cm，胚乳白色，均匀，中空，胚基生。花期在7月。

【地理分布】海南万宁：礼纪镇乌石村海边、青皮林保护区；海口：红林站；三亚、陵水及文昌有分布记录。生于海湾泥沼地带或与红树林混生。

【营养成分】嫩果可生食或糖渍，果实中其主要成分是水分，成熟果肉含量较未成熟果肉低；未成熟果肉中的水分含量可高达95%，汁液味道甜美，碳水化合物含量高，尤其是还原糖含量高。含有蛋白质及脂肪，与同科棕榈果相比，果肉脂肪含量要低得多；成熟果肉中的不溶性纤维和可溶性纤维含量较高；果肉中含有丰富的矿物质元素，如B、K、Ca、Mg、Fe、Mn、Cu、Zn等，特别是K和Mg；此外，果肉中的总酚含量较高，未成熟果肉中总酚含量高于成熟果肉，具有抗氧化活性。

【其他价值】(1) 药用价值　在东南亚的许多地方，水椰的枯枝和烧焦的树根或树叶被用来治疗疱疹、牙痛和头痛。(2) 经济价值　水椰的汁液是糖的来源，可用来生产醋、酒精，还可以用来制作蒸馏或发酵饮料；叶子可盖房子，也可以用于编织篮子等用具，在国外一些产地，当地原住民有用其嫩叶作卷烟纸的；此外，水椰还有防海潮、围堤、绿化海口港湾和净化空气等用途。

刺葵属（*Phoenix*）

17. 刺葵

【拉丁学名】*Phoenix loureiroi* Kunth

【形态特征】茎丛生或单生，高2～5m，直径30cm以上。叶长达2m；羽片线形，长15～35cm，宽10～15mm，单生或2～3片聚生，呈4列排列。佛焰苞长15～20cm，褐色，不开裂，为2舟状瓣；花序梗长60cm以上；雌花序分枝短而粗壮，长7～15cm；雄花近白色；花萼长1～1.5mm，顶端具3齿；花瓣3，长4～5mm，宽1.5～2mm；雄蕊6；雌花花萼长约1mm，顶端不具三角状齿；花瓣圆形，直径约2mm；心皮3，卵形，长约15mm，宽8mm。果实长圆形，长1.5～2cm，成熟时紫黑色，基部具宿存的杯状花萼。花期4—5月，果期6—10月。

【地理分布】海南三亚：南山岭；乐东：佛罗镇；昌江：七叉镇重合村；万宁：青皮林茄新村；儋州：联昌；澄迈：红光农场。生于海边或海拔500m的荒山或灌丛中。

中国阿宽蕉

片，均在落下前外卷；雄花平均每苞片21枚，排成2行，随苞片落下，复合花被片约4.8cm，奶油色，有2条加厚的龙骨，在背处有棱角，先端橙色分裂5齿，中央裂片小于外侧裂片，游离花被片长约3cm，半透明白色，圆形，光滑，有线状橙色先端；雄蕊5枚，花丝白色，花药橙色，花药与花柱平；柱头奶油色；子房直，淡绿色，无色素斑点。果串松散，平均每串有7梳，每梳17根果指，排成2行，果指向茎部弯曲，果指长约10cm，稍弯曲和有脊，果柄长约2.5cm，无毛，果先端钝圆，无残花，未成熟果皮淡绿色，成熟时变黄，未成熟果肉白色，成熟时变为奶油色至棕色，柔软。种子起皱，直径约5mm，每根果指250 ～ 270粒种子。

该变种主要识别特征是叶柄凹槽边缘不直立，花序梗具微柔毛，基生雌性花，雄蕊苞片黄绿色杂色、带有紫红色条纹朝向先端、边缘黄色，雄花排成2行，果皮只有淡绿色。

【地理分布】在海南省现野外生存的野生蕉主要是阿宽蕉，这些阿宽蕉主要分为中国变种，以及广东变种和海南变种，野生阿宽蕉种群主要分布在海南省中部山区肥沃的山谷和沟壑中。其中海南阿宽蕉主要分布在五指山市五指山，中国阿宽蕉主要分布于海南琼中红毛镇和黎母岭、陵水吊罗山、乐东尖峰岭。

【营养成分】野生蕉的蕉蕾、蕉心可作为蔬菜食用，具有丰富的植物源蛋白质，有较好的口感和药用价值，兼具营养价值和食疗效果，且可接受性强。氨基酸种类齐全，含有丰富的组氨酸、丙氨酸、丝氨酸等甜味氨基酸，天门冬氨酸、谷氨酸等鲜味氨基酸，甘氨酸、赖氨酸、亮氨酸等药用氨基酸。K、Ca、Mg等矿物质元素丰富，属高钾低钠类型；含有较高的多酚、皂苷和黄酮等活性物质。

【其他价值】（1）药用价值　芭蕉类植物的药用价值很高，每一个部位都有不同的功效。其药用的部位主要是根状茎、假茎、叶、花和汁液，尤以根状茎最为常用，对于治疗与预防疾病都有显著的效果。芭蕉类植物的药用部位能够泄火、退热、补水、消肿，还有止呕、通便、健胃等功效。用蕉油梳头，女人头发又长又黑，不掉落，是天然染发剂。（2）观赏价值　植株亭亭玉立，叶片润泽碧绿，姿态潇洒飘逸、自然，蕉蕾有紫色、黄色、绿色，果实有绿色、紫红，花序姿态有下垂、水平下垂等，是一种重要的园林和市政绿化植物。（3）经济价值　其叶、假茎、花等也有一定的经济价值。蕉心和花蕾可作蔬菜；阿宽蕉叶片双面无或极少蜡粉且不易开裂，在云南、广东常用于包裹食物；嫩叶、假茎、花可以作为牛的青饲料；假茎还可提取纤维等。

八、卫矛科（Celastraceae）

五层龙属（*Salacia*）

19. 阔叶五层龙

【拉丁学名】*Salacia amplifolia* Merr. ex Chen & F. C. How.

【形态特征】攀缘或直立灌木，高达4m。小枝绿黄色，无毛。叶厚纸质，窄或阔椭圆形，长13～23cm，宽6～8cm，顶端短渐尖或稍钝，基部阔急尖或钝或圆形，边缘狭背卷，近全缘或有波状小钝齿，少有钝齿状小锯齿，干时正面绿黄色，光亮，背面淡黄色，有不显著的乳头状突起；侧脉9～10对，叶面平坦，叶背突起，网脉显著，叶柄粗壮，长1～1.5cm，细绉，具深槽。花腋生或腋上生，多朵排列于瘤状的突起体上，绿白色或淡黄色，直径4～5mm；花柄长8～10mm，纤细，基部具多列覆瓦状排列的小鳞片；萼片阔卵形，宽约1.4mm，端短尖或钝，边缘纤毛状；花瓣近圆形，直径2.2mm，广展；花盘杯状，新鲜时褐红色，呈不明显五角形，反折；药室横裂；子房三角形；花柱极短；胚珠每室4颗，2列。果球形，成熟时黄色或红色，直径达4.5cm，有种子8～11颗；果柄粗壮，长1.5～2cm。

【地理分布】海南昌江：乌烈林场；保亭：七指岭；万宁：乌石村海边、兴隆镇牛牯田村；三亚及乐东有分布记录。生于海拔100～250m林中。

【营养成分】其果实成熟时可食用，但目前尚未

发现关于其营养成分的科学研究，其所含营养物质还有待验证。

【其他价值】药用价值　研究发现，阔叶五层龙总提取物具有较好的降血糖活性，而其所含的儿茶素类化合物，具有显著的降脂减肥作用。此外同属植物五层龙、网脉五层龙作为国外传统药用植物，被用于治疗糖尿病、肥胖等疾病已有悠久的历史，且该属植物的所含化学成分类型多种多样，主要化合物类型有三萜、黄酮、硫糖、木脂素及多元醇类，而阔叶五层龙本身所含化合物也非常丰富，因此其具有较大药用价值潜力。

九、毒鼠子科（Dichapetalaceae）

毒鼠子属（*Dichapetalum*）

20. 海南毒鼠子

【拉丁学名】*Dichapetalum longipetalum*（Turcz.）Engl.

【形态特征】攀缘灌木。小枝被锈色长柔毛，老枝无毛，黑褐色，具散生灰色圆形皮孔。叶片纸质或半革质，长圆形，长圆状椭圆形或椭圆形，长8～17cm，宽3～6cm，先端渐尖，基部楔形、阔楔形或略圆形，叶面沿中脉和侧脉被锈色粗伏毛，余无毛，背面被锈色长柔毛，侧脉6～7对；叶柄长4～5mm，被粗毛。聚伞花序腋生，被锈色柔毛；花两性，具短梗；萼片长圆形，长3～4mm，外面密被灰色短柔毛；花瓣白色，近匙形，长约5mm，无毛，先端2裂；雄蕊长约5mm；腺体小，近方形，2浅裂；子房被灰褐色柔毛，花柱长于雄蕊，顶端3裂。核果偏斜，为倒心形或偏斜椭圆形，直径约2cm，密被锈色短柔毛。花期为7月至翌年1月，果期为1—6月。

【地理分布】海南三亚：甘什岭；昌江：霸王岭、七叉镇七差岭；白沙：牙叉镇志道村、那放村；保亭：三道番、南林乡至罗葵中间岭一带、七指岭；万宁：南桥镇长命田村、兴隆镇森林公园；儋州：和庆镇美万村；澄迈：昆仑农场。生于中海拔山地沟谷林中。

【营养成分】海南毒鼠子的果实成熟后可食用，但目前尚未有人对其果实营养成分进行研究；同属的多种植物在马达加斯加是以野生水果形态存在的，野生水果是日常饮食的重要补充，是当地人的部分营养能量来源，主要是富含碳水化合物及人体缺乏的重要维生素和微量元素。有研究发现毒鼠子属 *Dichapetalum* 植物的叶中含有 Ni、Zn、Al、Ca、Co、Fe、K、Mg、Mn、P、S 等多种矿物质元素及无机元素，可为本种提供参考。

【其他价值】（1）药用价值　海南毒鼠子的茎叶可用于治疗血吸虫病；此外，其同属植物毒鼠子 *D. gelonioides* 的果实还可用于毒鼠、灭蚊蝇。（2）经济

价值　据研究发现，该属物种是全球最强的锌蓄积体之一，而锌缺乏是发展中国家面临的主要的国民健康问题，特别是在东南亚，由于饮食锌含量低的，这个问题更加严重。目前，有学者正致力于从该属植物中提取锌，以期改善当地居民锌缺乏问题。除此之外，该属植物还可以富集镍元素。

十、木通科（Lardizabalaceae）

野木瓜属（*Stauntonia*）

21. 野木瓜

【拉丁学名】*Stauntonia chinensis* DC.

【形态特征】木质藤本。茎绿色，具线纹，老茎皮厚，粗糙，浅灰褐色，纵裂。掌状复叶有小叶5～7片；叶柄长5～10cm；小叶革质，长圆形、椭圆形或长圆状披针形，长6～9cm，宽2～4cm，先端渐尖，基部钝、圆或楔形，边缘略加厚，上面深绿色，有光泽，下面浅绿色，嫩时常密布更浅色的斑点；中脉在上面凹入，侧脉和网脉在两面均明显凸起；小叶柄长6～25mm。花雌雄同株，通常3～4朵组成伞房花序式的总状花序；总花梗纤细，基部为大型的芽鳞片所包托；花梗长2～3cm；苞片和小苞片呈线状披针形，长15～18mm。雄花：萼片外面呈淡黄色或乳白色，内面紫红色，外轮的呈披针形，长约18mm，宽约6mm，内轮的呈线状披针形，长约16mm，宽约3mm；蜜腺状花瓣6枚，舌状，长约1.5mm，顶端稍呈紫红色；花丝合生为管状，长约4mm，花药长约3.5mm，药隔突出形成的尖角状附属体与药室近等长，退化心皮小，锥尖。雌花的萼片与雄花的相似但稍大，外轮的边长可达22～25mm；退化雄蕊长约1mm；心皮卵状棒形，柱头偏斜的头状；蜜腺状花瓣与雄花相似。果长圆形，长7～10cm，直径3～5cm；种子近三角形，长约1cm，种皮深褐色至近黑色，有光泽。花期为3—4月，果期为6—10月。

【地理分布】海南陵水：祖亭溪沟仔村；万宁：兴隆镇森林公园；琼中：红毛镇；三亚有分布记录。生于山谷林中。

【营养成分】野木瓜果实成熟后可食用，其浆果多汁味甜，市面上该属的果实均被称为八月瓜。其果肉乳白色或淡黄色，具有独特的香味，含丰富的营养物质，果实内蛋白质、氨基酸、可溶性糖、有机酸及矿物质等营养物质含量均高于苹果、梨、橘子等水果，可加工成果泥、果酱、果酒、果冻、果醋等。

【其他价值】（1）药用价值　野木瓜的干燥带叶茎枝有祛风止痛、舒筋活络之功效，可用于风湿痹痛、腰腿疼痛、跌打损伤。民间记载其全株药用，有镇痛排脓、解热利尿、通经导湿的作用。野木瓜含有皂苷类、黄酮苷类、酚酸类、糖类等成分，具有镇痛抗炎、神经传导阻滞、放射增敏、抑制胃肠道平滑肌等药理活性。（2）观赏价值　野木瓜的叶、花、果美丽，春夏观花，秋季赏果，是一种很好的观赏植物。其茎蔓缠绕、柔美多姿，花为肉质，色紫，花期长，三五成簇，是优良的垂直绿化材料。

十一、杨柳科（Salicaceae）

刺篱木属（*Flacourtia*）

22. 刺篱木

【拉丁学名】*Flacourtia indica* (Burm. f.) Merr.

【形态特征】落叶灌木或小乔木，高2～4m；树皮灰黄色，稍裂；树干和大枝条有长刺，老枝通常无刺；幼枝有腋生单刺，在顶端的刺逐渐变小，有毛或近无毛。叶近革质，倒卵形至长圆状倒卵形，稀倒心形，长2～4cm，宽1.5～2.5cm，先端圆形或截形，有时凹，基部楔形，边缘中部以上有细锯齿，上面深绿色，无毛，下面淡绿色，无毛或散生短柔毛，中脉在正面平坦，背面突起，侧脉5～7对，纤细，网脉明显；叶柄短，长3～5mm，被短柔毛。花小，总状花序短，顶生或腋生，被茸毛；萼片5～6，卵形，长1.5mm，先端钝，外面无毛，内面有柔毛，边缘有睫毛；花瓣缺。雄花：雄蕊多数，花丝丝状，长2～2.5mm，着生在肉质的花盘上，花盘全缘或浅裂；雌花：花盘全缘或近全缘。子房球形，侧膜胎座5～6个，每个胎座上有叠生的胚珠2颗，花柱长约1mm，5～6个，分离或基部合生，柱头细长，2裂。浆果球形或椭圆形，直径0.8～1.2cm，有纵裂5～6条，有宿存花柱；种子5～6粒。春节时开花，果期在夏秋。

【地理分布】海南三亚：荔枝沟镇落笔洞、

林旺镇石龟村；万宁：牛岭、礼纪镇石梅村海边、乌石乡；文昌：县城附近海边。生于近海沙地灌丛中。

【营养成分】刺篱木果实在完全成熟时可生吃，浆果味甜，也可制成优良果酱和蜜饯，民间多用来腌渍。可食用部分约占果实30%，每百克含水分70.6%，含有蛋白质、脂肪、总碳水化合物、膳食纤维、维生素、矿物质元素、有机酸等营养成分。果实含有多种维生素，包括维生素A、维主素C、维生素B_1、维生素B_2、烟酸等；矿物质元素有Ca、P、K、Fe等，其中K含量最高。果实主要含有的有机酸为苹果酸和醋酸。

【其他价值】（1）药用价值　果实对于缓解消化不良、湿疹、风湿、便秘有一定的功效，有一定药用价值。（2）观赏价值　可作绿篱和沿海地区防护林的优良树种。（3）经济价值　其木材坚实，可做家具等。

十二、叶下珠科（Phyllanthaceae）

五月茶属（*Antidesma*）

23. 五月茶

【拉丁学名】*Antidesma bunius* (L.) Spreng.

【形态特征】乔木，高达10m。小枝有明显皮孔，除叶背中脉、叶柄、花萼两面和退化雌蕊被短柔毛或柔毛外，其余均无毛。叶片纸质，长椭圆形、倒卵形或长倒卵形，长8～23cm，宽3～10cm，顶端急尖至圆，有短尖头，基部宽楔形或楔形，叶面深绿色，常有光泽，叶背绿色；侧脉每边7～11条，在叶面扁平，干后凸起，在叶背稍凸起；叶柄长3～10mm；托叶线形，早落。雄花序为顶生的穗状花序，长6～17cm；雄花：花萼杯状，顶端3～4分裂，裂片卵状三角形；雄蕊3～4，长2.5mm，着生于花盘内面；花盘杯状，全缘或不规则分裂；退化雌蕊棒状；雌花序为顶生的总状花序，长5～18cm，雌花：花萼和花盘与雄花的相同；雌蕊稍长于萼片，子房宽卵圆形，花柱顶生，柱头短而宽，顶端微凹缺。核果近球形或椭圆形，长8～10mm，直径8mm，成熟时红色；果梗长约4mm。花期为3—5月，果期为6—11月。

【地理分布】海南三亚：育才镇附近；乐东：尖峰岭；昌江：霸王岭、王下乡；白沙：鹦哥岭；五指山（市）：番阳镇附近；保亭：七指岭；儋州：巴厘村附近；琼中：红毛镇附近；屯昌：南吕镇南吕岭；东方有分布记录。生于林中。

【营养成分】果实成熟时可采摘制作果酱，味道甚佳，其食用部分占果实67%～80%，果实中含有大量的营养成分，如蛋白质、糖类、维生素A、维生素C、以及Ca、P、Fe等矿物质元素，主要有机酸为柠檬酸，此外还含有花青素、类黄酮和酚酸类等化合物，具有很好的抗氧化活性。果实还可制成果冻、果酒和其他饮料，或作为番茄或醋的代用品。

【其他价值】（1）药用价值 五月茶根、果、叶均可入药，可生津止渴，

活血解毒；主治咳嗽口渴，跌打损伤，疮毒。《生草药性备要》中记载"止咳，止渴。洗疮亦可"。(2) 观赏价值　五月茶在结果期极具观赏价值，可作为园林观赏植物。(3) 经济价值　五月茶在印度尼西亚等国是重要的经济作物，其果实还可被用于制造红酒；嫩叶可代茶冲泡饮用，或作为蔬菜食用。

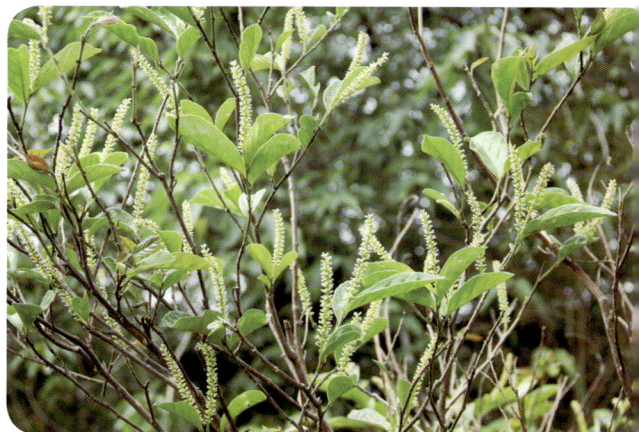

24. 方叶五月茶

【拉丁学名】*Antidesma ghaesembilla* Gaertn.

【形态特征】乔木，高达10m。除叶面外，全株各部均被柔毛或短柔毛。叶片长圆形、卵形、倒卵形或近圆形，长3～9.5cm，宽2～5cm，顶端圆、钝或急尖，有时有小尖头或微凹，基部圆、钝、截形或近心形，边缘微卷；侧脉每边5～7条；叶柄长5～20mm；托叶线形，早落。雄花黄绿色，多朵组成分枝的穗状花序；萼片通常5，有时6或7，倒卵形；雄蕊4～5，长

2～2.5mm，花丝着生于分离的花盘裂片之间；花盘4～6裂。退化雌蕊为倒锥形，长0.7mm；雌花为多朵组成分枝的总状花序；花梗极短；花萼与雄花的相同；花盘环状。子房卵圆形，长约1mm，花柱3，顶生。核果近圆球形，直径约4.5mm。花期为3—9月，果期为6—12月。

【地理分布】海南三亚：甘什岭；昌江：七叉镇七叉岭；白沙：元门乡鹦哥岭、牙叉镇打老田村；五指山（市）：番阳镇山坑、南圣镇毛祥村；保亭：三道番；万宁：兴隆镇深井村、青皮林茄新村；琼中：营根大墩乡西边流水山；儋州：铺仔附近；澄迈：加乐镇产坡村；海口：东寨港。生于山坡、旷野或疏林中。

【营养成分】成熟的果实可以生吃，也可煮熟吃，还可以制成果酱和果冻。其果实中含有大量的水分；糖类物质丰富，其中还原糖含量较高；含有少量蛋白质、脂肪、植物纤维；维生素C含量丰富；含有多种人体所需的矿物质元素，包括K、Na、Fe。

【其他价值】（1）药用价值 方叶五月茶的茎有通经之效；果有通便、泻泄作用。研究表明，其体内分离到单宁、黄酮类、糖苷、酚类以及生物碱等化合物具有一定的生物活性。树叶具有抗氧化潜力和显著的降血糖潜力，具有抗血栓、细胞毒性和抗菌活性，或被用作治疗头痛的药物。（2）经济价值 其嫩芽在菲律宾还被用作蔬菜和调味品，树叶因其酸味还可被用作香料。

25. 日本五月茶

【拉丁学名】*Antidesma japonicum* Siebold & Zucc.

【形态特征】乔木或灌木，高 2～8m。小枝初时被短柔毛，后变无毛。叶片纸质至近革质，椭圆形、长椭圆形至长圆状披针形，稀倒卵形，长3.5～13cm，宽1.5～4cm，顶端通常尾状渐尖，有小尖头，基部楔形、钝或圆，除叶脉上被短柔毛外，其余均无毛；侧脉每边5～10条，在叶面扁平，在叶背略凸起；叶柄长5～10mm，被短柔毛至无毛；托叶线形，早落。总状花序顶生，长达10cm，不分枝或有少数分枝。雄花花梗长约0.5mm，被疏微毛至无毛，基部具有披针形的小苞片；花萼钟状，长约0.7mm，3～5裂，裂片卵状三角形，外面被疏短柔毛，后变无毛；雄蕊2～5，伸出花萼之外，花丝较长，着生于花盘之内；花盘垫状。雌花花梗极短；花萼与雄花的相似，但较小；花盘垫状，内面有时有1～2枚退化雄蕊；子房卵圆形，长1～1.5mm，无毛，花柱顶生，柱头2～3裂。核果椭圆形，长约5～6mm。花期为4—6月，果期为7—9月。

【地理分布】海南乐东：尖峰岭；昌江：七叉镇七叉岭；白沙：鹦哥岭；万宁：六连岭、南林乡深堀队附近；琼中：湾岭镇大墩村；东方有分布记录。生于林中。

【营养成分】成熟的果实可以鲜食，但目前尚未见关于其营养成分的研究报道。据文献报道，五月茶属植物的果实中具有多种营养成分，除包括大量的水分外，还包含糖类、蛋白质、脂肪、膳食纤维；维生素C和多种人体所需的矿物质元素等，可为本种提供一定参考。

【其他价值】（1）药用价值　日本五月茶全株药用，可祛风湿。叶、根可止泻，生津，用于治疗食欲缺乏、胃脘痛、痈疮肿毒。此外，据文献报道，五月茶属植物具有很好的药理活性和开发前景，通常以根、叶、茎入药，有健脾、抗炎、抗菌、镇痛、生津、活血、收敛、解毒之功效。（2）经济价值　其种子含油量可达48%，为以亚麻酸为主的油脂，是潜在的油料作物。

26. 山地五月茶

【拉丁学名】*Antidesma montanum* Blume

【形态特征】乔木，高达15m。除幼枝、叶脉、叶柄、花序和花萼的外面及内面基部被短柔毛或疏柔毛外，其余无毛。叶片纸质，椭圆形、长圆形、倒卵状长圆形、披针形或长圆状披针形，长7～25cm，宽2～10cm，顶端具长或短的尾状尖，或渐尖有小尖头，基部急尖或钝；侧脉每边7～9条，在叶面扁平，在叶背凸起；叶柄长达1cm；托叶线形，长4～10mm。总状花序顶生或腋生，长5～16cm，分枝或不分枝。雄花花梗长1mm或近无梗；花萼浅杯状，3～5裂，裂片宽卵形，顶端钝，边缘具有不规则的牙齿；雄蕊3～5，着生于花盘裂片之间；花盘肉质，3～5裂；退化雌蕊倒锥状至近圆球状，顶端钝，有不明显的分裂。雌花花萼杯状，3～5裂，裂片长圆状三角形；花盘小，分离；子房卵圆形，花柱顶生。核果卵圆形，长5～8mm；果梗长

3～4mm。花期为4—7月，果期为7—11月。

【地理分布】海南三亚：甘什岭；乐东：鹦哥岭、尖峰岭核心区；东方：天安镇乡雅隆村"小桂林"；昌江：王下乡、七叉镇七叉岭、霸王岭；白沙：牙叉镇；陵水：通天岭、吊罗山；万宁：兴隆镇森林公园；儋州：那大镇附近；琼中：营根镇高田村、和平镇长沙村附近；澄迈：昆仑农场；琼海：坡塘附近；文昌：昌洒镇昌国村。生于山地林中。

【营养成分】成熟的果实可以鲜食，但目前尚未见关于其营养成分的研究报道。

【其他价值】药用价值 民间常将山地五月茶与眼树莲合用治疗眼疾。其植株中挥发油的化学成分主要为脂肪酸类、醇类、酮类和酯类，其中亚油酸具有降低血脂、软化血管、降低血压、促进微循环的作用，可预防或减少心血管病的发病率，具有一定的药用价值和开发前景。

银柴属（*Aporusa*）

27. 银柴

【拉丁学名】*Aporosa dioica* Müll. Arg.

【形态特征】乔木或灌木。小枝被稀疏粗毛，老渐无毛。叶片革质，椭圆形、长椭圆形、倒卵形或倒披针形，长6～12cm，宽3.5～6cm，顶端圆至急尖，基部圆或楔形，全缘或具有稀疏的浅锯齿，正面无毛而有光泽，背面初时仅叶脉上被稀疏短柔毛，老渐无毛；侧脉每边5～7条，未达叶缘而弯拱联结；叶柄长5～12mm，被稀疏短柔毛，顶端两侧各具1个小腺体；托叶卵状披针形，长4～6mm。雄穗状花序长约2.5cm，宽约4mm；苞片卵状三角形，长约1mm，顶端钝，外面被短柔毛；雌穗状花序长4～12mm。雄花萼片通常4，长卵形；雄蕊2～4，长过萼片。雌花萼片4～6，三角形，顶端急尖，边缘有睫毛。子房卵圆形，密被短柔毛，2室，每室有胚珠2颗。蒴果椭圆状，长1～1.3cm，被短柔毛，内有种子2颗，种子近卵圆形，长约9mm，宽约5.5mm。花果期几乎全年。

【地理分布】海南三亚：甘什岭；乐东：鹦哥岭、尖峰岭附近；东方：江边乡白查村；昌江：霸王岭、七叉镇金鼓岭；白沙：向民村蝙蝠洞、元门乡附近；五指山（市）：南圣镇毛祥村；陵水：吊罗山白水岭、黎安港；万宁：兴隆镇南旺水库哑巴田、兴隆镇森林公园；儋州：雅星镇英岛山溶洞、兰洋镇莲花山；澄迈：颜春岭；琼海：南太农场；文昌：东阁镇海

边。生于低海拔至中海拔的旷野、路旁、灌丛中。

【营养成分】果实成熟时可食用，一般食用其假种皮，口味酸甜。但目前尚未见关于其果实营养成分的研究报道；有研究表明，其同属植物 *A. cardiosperma* 的果实含有大量水分，还有蛋白质、脂肪、总糖（包括还原糖、非还原糖）、维生素C，以及Fe、Na、K等多种矿物质元素，可为本种提供一定参考，银柴的营养价值有待进一步研究。

【其他价值】（1）药用价值　银柴的叶可拔毒生肌。据文献报道，其同属植物 *A. lindleyana* 提取物中含有甾醇、生物碱和类黄酮等多种化学成分，具有降血糖、利尿、降温、抗病毒和抗氧化等生物学活性，可为本种的研究开发提供一定参考。（2）经济价值　银柴对大气污染的抗逆性较强，可作为营造景观生态林、公益生态林、城市防护绿带、防火林带的优良树种。

木奶果属（*Baccaurea*）

28. 木奶果

【拉丁学名】*Baccaurea ramiflora* Lour.

【形态特征】常绿乔木，高5～15m，胸径达60cm；树皮灰褐色；小枝被糙硬毛，后变无毛。叶片纸质，倒卵状长圆形、倒披针形或长圆形，长9～15cm，宽3～8cm，顶端短渐尖至急尖，基部楔形，全缘或浅波状，正面绿色，背面黄绿色，两面均无毛；侧脉每边5～7条，正面扁平，背面凸起；叶柄长1～4.5cm。花小，雌雄异株，无花瓣；总状圆锥花序腋生或茎

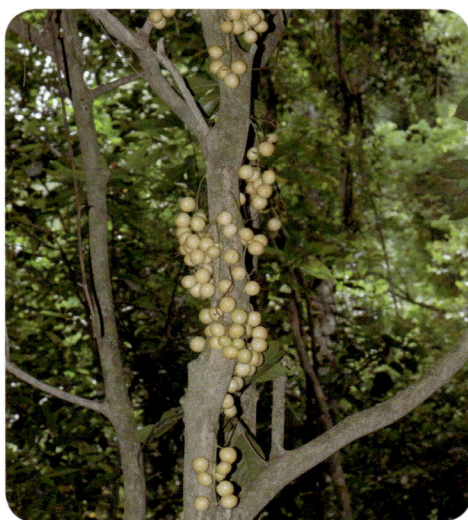

生，被疏短柔毛，雄花序长达15cm，雌花序长达30cm；苞片卵形或卵状披针形，长2～4mm，棕黄色；雄花：萼片4～5，长圆形，外面被疏短柔毛；雄蕊4～8；退化雌蕊圆柱状，2深裂；雌花：萼片4～6，长圆状披针形，外面被短柔毛；子房卵形或圆球形，密被锈色糙伏毛，花柱极短或无，柱头扁平，2裂。浆果状蒴果为卵形或近圆球形，长2～2.5cm，直径1.5～2cm，先是黄色，后变紫红色，不开裂，内有种子1～3颗；种子扁椭圆形或近圆形，长1～1.3cm。花期为3—4月，果期为6—10月。

【地理分布】海南三亚：甘什岭；乐东：鹦哥岭山脉。东方：天安镇雅隆；昌江：七叉镇金鼓岭、霸王岭。白沙：青松乡；保亭：毛感乡仙安石林、七指岭；陵水：吊罗山、大丛岭；万宁：南桥镇铜铁岭；儋州：南丰镇水尾村；澄迈：昆仑农场。生于低海拔至中海拔山坡林中。

【营养成分】果实可鲜食，在印度和东南亚除鲜食外，还用于制果酱。其味道酸甜，富含糖类、维生素及人体所需的多种矿物质元素；水分含量高，还含有少量脂肪、淀粉、植物纤维以及可滴定酸。

【其他价值】（1）药用价值　木奶果的根、茎、果皮均可入药，其味苦、辛、寒，有止咳平喘、解毒止痒功效。其根部所含的木奶果内酯，具有抗肿瘤活性成分。（2）观赏价值　木奶果树对生长条件要求不苛刻，抗逆性好，可用于培育新型的果树品种。木奶果树的树形优美且四季常绿，在根、茎部位开花结果，具有热带植物典型的茎花、茎果现象，结果时，树干和老枝上吊满果实累累的果穗，其果实如李子般大小，成熟时红色或橙黄色，非常适合作为园林造景的选材。群体种植的观赏效果也非常好，可以开发成盆景或园林植物。

秋枫属（*Bischofia*）

29.秋枫

【拉丁学名】*Bischofia javanica* Blume

【形态特征】常绿或半常绿大乔木，高达40m；树干圆满通直，但分枝低，主干较短；树皮灰褐色至棕褐色，厚约1cm，近平滑，老树皮粗糙，内皮纤维质，稍脆；砍伤树皮后流出汁液红色，干凝后变瘀血状；木材鲜时有酸味，干后无味，表面槽棱突起；小枝无毛。三出复叶，稀5小叶，总叶柄长8～20cm；小叶片纸质，卵形、椭圆形、倒卵形或椭圆状卵形，长7～15cm，宽4～8cm，顶端急尖或短尾状渐尖，基部宽楔形至钝，边缘有浅锯齿，每1cm长有2～3个，幼时仅叶脉上被疏短柔毛，老渐无毛；顶生小叶柄长2～5cm，侧生小叶柄长5～20mm；托叶膜质，披针形，长约8mm，早落。

花小，雌雄异株，多朵组成腋生的圆锥花序；雄花序长8～13cm，被微柔毛至无毛；雌花序长15～27cm，下垂；雄花直径达2.5mm；萼片膜质，半圆形，内面凹成勺状，外面被疏微柔毛；花丝短；退化雌蕊小，盾状，被短柔毛；雌花萼片长圆卵形，内面凹成勺状，外面被疏微柔毛，边缘膜质；子房光滑无毛，3～4室，花柱3～4，线形，顶端不分裂。果实浆果状，圆球形或近圆球形，直径6～13mm，淡褐色；种子长圆形，长约5mm。花期为4—5月，果期为8—10月。

【地理分布】海南乐东：鹦哥岭山脉、利国镇白石岭；昌江：霸王岭；白沙：元门乡附近；保亭：毛感乡千龙洞、什岭八村；陵水：大里乡；万宁：兴隆镇森林公园、礼纪镇石梅村崩岭海边；澄迈：昆仑农场；海口：城区附近。生于山谷林中。

【营养成分】秋枫果实中含有丰富的蛋白质、碳水化合物和矿物质等营养成分。其中矿物质元素丰富，包括Ca、P、K、Na、Fe、Cu、Zn、Mg等，又以P、Ca和Mg的含量高，Ca、K和Mg是修复破损的细胞、强壮骨骼和牙齿、建立红细胞和身体机能所必需的，Fe和Zn是人类必需的元素；含有的不饱和脂肪酸，有助于减少胆固醇的形成或沉积。

【其他价值】（1）**药用价值**　秋枫在拉祜族有悠久的药用历史，性凉，味微辛，涩，能行气活血，消肿解毒。迄今为止，国内外对该种化学成分研究较少，分离得到的化合物主要为三萜、黄酮苷、鞣质；树皮可用于治疗高烧和烧伤，可制成治疗皮肤病的外用膏药。果实可用于酿酒。（2）**观赏价值**　秋枫株形高大挺拔，是华南地区常见的园林绿化树种。（3）**经济价值**　它的树皮产生单宁，用于使网和绳子变硬，还可制作一种红色染料，用于给藤篮染色；种子可产生一种用于表面涂层和润滑干燥的油，是化学工业用油的天然来源，经济价值大。

近、七指岭；万宁：兴隆镇森林公园；琼中：营根镇大墩乡两边流水山；儋州：兰洋镇莲花山；澄迈：昆仑农场；琼海：白石岭。生于山坡、草地或疏林中。

【营养成分】新鲜果实酸甜香脆，果中含有12种维生素，包括维生素C、维生素B_1、维生素B_2、维生素A、烟酸等，尤其是维生素C含量较高，仅次于水果维生素C之王的刺梨；含有多种矿物质元素，含量比苹果丰富，主要有Se、Zn、Ca、P、Fe、K等17种氨基酸，包括了人体所必需的8种氨基酸，主要有谷氨酸及赖氨酸等；含多种有机酸，主要包括亚麻酸、亚油酸、油酸、硬脂酸、棕榈酸、肉豆蔻酸等；此外还含有蛋白质及糖等；果实富含鞣质，含量高达45%。

【其他价值】（1）药用价值　余甘子果实具有清热凉血、健胃、止咳的功能。《海南本草》记载余甘子"味苦酸甘、微寒、无毒"，《中药大辞典》对其药用价值的描述为"化痰、生津、止咳、解毒，治感冒发热、咳嗽、咽痛、白喉、烦热口干"。叶可做保健枕。（2）经济价值　树皮是提炼栲胶的原材料。余甘子树是净化空气、荒山绿化的优良树种。

十三、山龙眼科（Proteaceae）

山龙眼属（*Helicia*）

31. 小果山龙眼

【拉丁学名】*Helicia cochinchinensis* Lour.

【形态特征】乔木或灌木。高4～20m，树皮灰褐色或暗褐色；枝和叶均无毛。叶薄革质或纸质，长圆形、倒卵状椭圆形、长椭圆形或披针形，长5～12cm，宽2.5～4cm，顶端短渐尖、尖头或钝，基部楔形，稍下延，全缘或上半部叶缘具疏生浅锯齿；侧脉6～7对，两面均明显；叶柄长

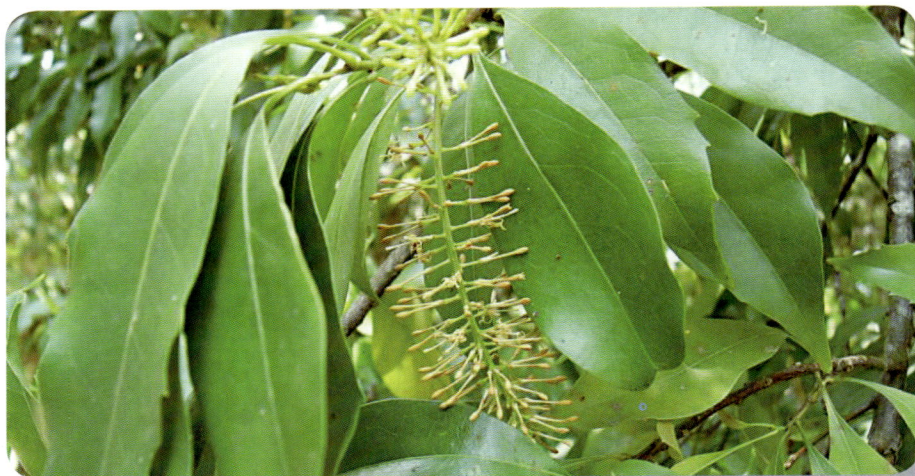

0.5 ～ 1.5cm。总状花序，腋生，长8 ～ 14cm，无毛，花序轴和花梗初被白色短毛，后全脱落；花梗常双生，长3 ～ 4mm；苞片三角形，长约1mm；小苞片披针形，长0.5mm；花被管长10 ～ 12mm，白色或淡黄色；花药长2mm；腺体4枚，有时连生呈4深裂的花盘；子房无毛。果椭圆状，长1 ～ 1.5cm，直径0.8 ～ 1cm，果皮干后薄革质，厚不及0.5mm，蓝黑色或黑色。花期为6—10月，果期为11月至翌年3月。

【地理分布】海南乐东：尖峰岭；东方：东河镇南浪村九龙山、江边乡冲俄村；白沙：鹦哥岭；五指山（市）：五指山、南圣镇同甲村；万宁：兴隆镇森林公园、六连岭；琼中：今湾岭镇大墩村；儋州：巢山附近、兰洋镇莲花峰；澄迈：昆仑农场；定安：南坦村附近；文昌：昌洒镇。生于村边、山坡或山谷疏林中。

【营养成分】成熟果实可鲜食，但目前尚未见到关于其营养成分的研究报道。据文献报道，其同属植物大果山龙眼 *H. erratica* 的果实含有大量水分，还有粗脂肪、膳食纤维、蛋白质、碳水化合物等多种营养成分，可为本种提供一定参考。

【其他价值】（1）药用价值　小果山龙眼除具有镇静止痛作用外，还具有收敛解毒、活血祛瘀之功效。山龙眼科植物的化学成分类型主要有酚酸类、萘醌类、黄酮苷类、生物碱类等，具有一定的药用开发潜力。（2）经济价值　木材具光泽，无特殊气味，纹理直，结构细密，均匀；硬度及重量中等，花纹色泽美观，为优良的家具、箱盒、板料及室内装修用材；也可用作椅（桌）子腿及装饰用材。并可制优良的胶合板或贴面单板，用于一般民用建筑中。

32. 海南山龙眼

【拉丁学名】*Helicia hainanensis* Hayata

【形态特征】乔木或灌木。高2～10m，树皮灰色或浅褐色；全株无毛。叶纸质或坚纸质，互生或3～4枚近轮生，倒阔披针形或倒卵状长圆形，长11～20cm，宽3.5～6.5cm，顶端渐尖，基部楔形或圆钝，上半部叶缘具疏生锯齿，有时边缘具疏锯齿；中脉两面均隆起，侧脉7～8对，下面凸起，网脉两面均明显；叶柄短，长1～3mm。总状花序，腋生，长12～23cm；花梗常双生，长3～5mm；苞片三角形，长约1mm；小苞片长不及0.5mm；花被管长15～18mm，淡白色；花药长2mm；花盘环状，4裂；子房无毛。果椭圆状，长3.5～5cm，直径2.5～4cm，顶端具喙，基部骤狭呈短柄状，果皮干后为树皮质，厚约1.5mm，淡褐色。花期为4—8月，果期为11月至翌年3月。

【地理分布】海南东方：天安镇乡雅隆村"小桂林"；白沙：牙叉镇镇志道村、元门乡附近、鹦哥岭；五指山（市）：南圣镇毛祥村、同甲村以及水满洞；保亭：南林乡四方岭、七指岭；万宁：六连岭、兴隆镇南旺哑巴田、南林乡农场；琼中：营根镇、乘坡镇长田乡；儋州：南丰镇纱帽岭；澄迈：昆仑农场。生于密林中。

【营养成分】成熟果实可鲜食，但目前尚未见到关于其营养成分的研究报道。据文献报道，其同属植物大果山龙眼 *H. erratica* 的果实具有大量水分，还有粗脂肪、膳食纤维、蛋白质、碳水化合物等多种营养成分，可为本种提供一定参考。

【其他价值】（1）**药用价值** 何平等曾对一些海南特有植物的水提浸膏进行抗癌作用筛选，发现海南山龙眼具有抗癌活性。山龙眼科植物有行气活血、祛瘀止痛的功效，用于跌打损伤、肿痛、外伤出血；收敛解毒，用于泄泻、食物中毒；止痛、安神，主治头痛、失眠；清热解毒，主治腮腺炎、皮炎；解毒敛疮，主治烧烫伤；山龙眼科植物的化学成分类型主要有酚酸类、萘醌类、黄酮苷类、生物碱类等类化合物，具有一定的药用开发潜力。（2）**经济价值** 木材具光泽，无特殊气味，纹理直，结构细密，均匀。硬度及重量中等，花纹色泽美观，为优良的家具、箱盒、板料及室内装修用材；可制优良的胶合板或贴面单板，还能作一般民用建筑的材料。

33. 长柄山龙眼

【拉丁学名】*Helicia longipetiolata* Merr. & Chun.

【形态特征】乔木，高6～15m，树皮灰褐色或灰色；嫩芽被褐色短毛，小枝、叶和花序均无毛。叶革质，长椭圆形、长圆状披针形至阔披针形，长7～15cm，宽2～5cm，顶端急尖或渐尖，基部楔形，稍下延，全缘；中脉两面均隆起，侧脉6～8对，两面均稍凸起，网脉在正面明显；叶柄长2.5～4.5cm。总状花序，腋生或生于小枝已落叶腋部，长15～20cm；花梗常双生，长3～4mm；苞片钻状，长1～1.5mm；小苞片长0.5mm；花被管长18～25mm，白色；花药长2.5～3.5mm；花盘4裂；子房无毛。果近球形，直径2～2.5cm，顶端具短尖，果皮干后革质，厚约1mm，绿黑色。花期为6—8月，果期为11月至翌年1月。

【地理分布】海南白沙：南开乡马或岭、鹦哥岭；五指山（市）：坡尖岭、南圣镇毛祥村及同甲村。陵水：吊罗山；万宁：兴隆镇森林公园；生于山地密林中。

【营养成分】成熟果实可鲜食，但目前尚未见到关于其营养成分的研究报道；据文献报道，其同属植物大果山龙眼 *H. erratica* 的果实含有大量水分，还有粗脂肪、膳食纤维、蛋白质、碳水化合物等多种营养成分，可为本种提供一定参考。

【其他价值】（1）药用价值　长柄山龙眼的药用价值可参考同病植物。山龙眼科植物有行气活血、祛瘀止痛的功效。也有收敛解毒、安神的作用。可解毒敛疮。山龙眼属植物具有一定的药用开发潜力。该属植物在镇静、镇痛方面具有显著疗效。还可治烧烫伤。（2）经济价值　木材有光泽，无特殊气味，纹理直，结构细密，均匀；硬度及重量中等，花纹色泽美观，为优良的家具、箱盒、板料及室内装修用材。也可以用作一般民用建筑的材料。

34. 倒卵叶山龙眼

【拉丁学名】*Helicia obovatifolia* Merr. & Chun

【形态特征】乔木，高9～12m，树皮灰褐色；嫩枝、叶、花序和花均被锈色短茸毛。叶革质，倒卵形至卵形，长7～13cm，宽4～7cm，顶端近圆形或圆钝具短尖，基部楔形，成叶的毛逐渐脱落，两面均变无毛，边全缘或上半部具疏齿；侧脉6～8对，两面均凸起，网脉明显；叶柄长1.5～3.5cm，被茸毛。总状花序腋生，长5～10cm；花黄褐色，花梗通常双生，长约1mm；苞片卵形，长约1.5mm；小苞片三角形，长约1mm；花被管长10～12mm；花药长约2mm；腺体4枚，卵球形；子房密被柔毛。果倒卵球形或椭圆状，长3～4cm，直径2～3cm，顶端具短尖，果皮革质，厚1.5mm，紫黑色。花期为7—8月，果期为10—11月。

【地理分布】海南东方：东河镇南浪村九龙山；五指山（市）：毛阳镇毛路村鹦哥岭。万宁：南桥镇铜铁岭、兴隆镇森林公园、青皮林。生于林中。

【营养成分】成熟果实可鲜食，但目前尚未见到关于其营养成分的研究报道。

假山龙眼属（*Heliciopsis*）

35. 调羹树

【拉丁学名】*Heliciopsis lobata*（Merr.）Sleumer

【形态特征】乔木。高15～20m；幼枝、叶被紧贴锈色茸毛。叶二形，革质，全缘叶长圆形，长10～25cm，宽5～7cm，顶端短渐尖，基部楔形，侧脉在叶下面隆起，网脉明显；叶下面沿脉序被茸毛，毛后渐脱落；叶柄长4～5cm；分裂叶轮廓近椭圆形，长20～60cm，宽20～40cm，通常具2～8对羽状深裂片，有时为3裂叶，叶柄长4～8cm。花序生于小枝已落叶腋部，雄花序长7～12cm，被毛；雄花花梗长1～2mm或几无；苞片披针形，长

约1mm；花被管长8～12mm，淡黄色，被疏毛；花药长约2mm；腺体4枚；不育子房不膨大，花柱顶部不增粗。雌花序长2～5cm，被毛；雌花花梗长约3mm；花被管长约10mm，被疏毛；不育花药长约1.5mm；腺体4枚；子房卵状，花柱顶部增粗，柱头面偏于一侧。果椭圆状或卵状椭圆形，两侧稍扁，长7～9cm，直径5～6cm，外果皮革质，黄绿色，厚约1mm，中果皮肉质，厚2～4mm，干后残留密生的软纤维，紧附于内果皮，内果皮木质，厚3～4mm。花期为5—7月，果期为11—12月。

【地理分布】海南乐东：尖峰岭；白沙：牙叉镇那放村、鹦哥岭；保亭：毛感乡番奋村旁、七指岭；陵水：吊罗山；万宁：兴隆镇南旺水库；琼海：黎母山。生于林中。

【营养成分】成熟果实可鲜食，但目前尚未见到关于其营养成分的研究报道。

【其他价值】药用价值　调羹树的叶中含有大量的熊果苷类化合物，是该植物中发挥抗肿瘤作用的主要活性成分之一。研究发现其具有止咳平喘、皮肤增白、抗炎、抗菌等作用。《中华本草》记载其有清热解毒的功效。由于其具有良好的美白功效，还受到了国际医疗美容界的普遍关注。

十四、五桠果科（Dilleniaceae）

五桠果属（Dillenia）

36. 小花五桠果

【拉丁学名】*Dillenia pentagyna* Roxb.

【形态特征】落叶乔木。高15m以上，树皮平滑，灰色，薄片状脱落；嫩枝无毛，粗大，干后暗褐色。叶薄革质，长椭圆形或倒卵状长椭圆形，长20～60cm，宽10～25cm，幼态叶常更大，先端略尖或钝，基部变窄常下延成翅，初时正背两面的侧脉上有毛，老叶秃净；边缘有浅波状齿，齿尖明显突出，侧脉32～60对，或更多，末端突出，叶柄长2～5cm，无毛，基部扩大，两侧有窄翅。花小，数朵簇生于老枝的短侧枝上，直径2～3cm，花梗长2～4cm，无毛，苞片有毛，小苞片早落，萼片绿色，椭圆形；大小不相等，长8～12mm，宽5～9mm，边缘有睫毛；花

瓣呈黄色，长倒卵形，长 1.5～2cm，宽 8mm；雄蕊 2 轮，外轮雄蕊数目很多，长 3～4mm，常发育不全，向外弯，内轮雄蕊较少，正常发育，数目较少，长约 7mm，花药比花丝短，外向纵裂；心皮 5 个或 6 个，长 3.5～4mm，花柱长 3～4mm，向外弯曲，每个心皮有胚珠 5～20 个。果实近球形，不开裂，直径 1.5～2cm，成熟时为黄红色，每个成熟心皮有种子 1～2 个；种子卵圆形，长 5mm，宽 3.5mm，黑色，无假种皮。花期为 4—5 月。

【地理分布】海南东方：七叉镇金鼓岭；白沙：元门乡附近；保亭：吊罗山走官乡；定安：五指山。多生于干旱的灌木丛中或热带草原中。

【营养成分】小花五桠果的果实多汁微甜，可食，也可制成果酱。新鲜果实中含有大量的水分，还含有总膳食纤维、总脂肪、碳水化合物、氨基酸、维生素 C 和蛋白质等多种营养物质，以及柠檬酸、苹果酸、酒石酸等多种有机酸。

【其他价值】（1）药用价值　小花五桠果其果实提取物具有较高的抗菌生物活性，且有低毒、副作用小等特点，是一种优良的活性药物成分来源。其果实提取物具有较高的抗菌和抗氧化生物活性，而其同属植物五桠果的果实具有通便作用，树皮和叶子有收敛作用；果实和叶提取物具有抗氧化活性；说明本种药用价值开发潜力较大。（2）经济价值　其树干通直，叶大浓密，树形美观，花果延续至枝端，鲜艳夺目，为优良乡土树种，宜作行道树或植于庭园。木材径面的花纹美观，适于作家具、美术工艺品、仪器箱盒、建筑用材等。

37. 大花五桠果

【拉丁学名】*Dillenia turbinata* Finet & Gagnep.

【形态特征】常绿乔木。高达30m，嫩枝粗壮，有褐色茸毛；老枝秃净，干后暗褐色。叶革质，倒卵形或长倒卵形，长12～30cm，宽7～14cm，先端圆形或钝，有时稍尖，基部楔形，不等侧，幼嫩时正背两面有柔毛，老叶上面变秃净，干后稍有光泽，下面被褐色柔毛；侧脉16～27对，脉间相隔6～15mm，在正面很明显，在背面强烈突起，第二次支脉及网脉在下面突起，边缘有锯齿，叶柄长2～6cm，粗壮，有窄翅，被褐色柔毛，基部稍膨大。总状花序生枝顶，有花3～5朵，花序柄长3～5cm，粗大，有褐色长茸毛，花梗长5～10mm，被毛，无苞片及小苞片。花大，直径10～12cm，有香气；萼片厚肉质，干后厚革质，卵形，大小不相等，外侧的最大，长2.5～4.5cm，宽2～3cm，被褐毛；花瓣薄，多为黄色，有时黄白色或浅红色，倒卵形，长5～7cm，先端圆，基部狭窄；雄蕊2轮，外轮无数，长1.5～2cm，内轮较少数，比外轮为长，向外弯，花丝带红色，花药延长，呈线形，生于花丝侧面，比花丝长2～4倍，顶孔裂开；心皮8～9个，长约1cm，每个心皮有胚珠多个。果实近于圆球形，不开裂，直径4～5cm，暗红色，每个成熟心皮有种子，1至多个，种子倒卵形，长6mm，无毛也无假种皮。花期为4—5月。

【地理分布】海南三亚：磨水山；白沙：牙叉镇；万宁：兴隆镇森林公园；琼中：营根镇大墩乡黎母岭。生于低海拔至中海拔的山地林中。

【营养成分】果实多汁微甜可食，也可制果酱，其新鲜果实中含有大量的水分及多糖。其同属植物五桠果的果实具有通便作用，树皮和叶子有收敛作用；果实和叶提取物具有抗氧化活性；本种或许与同病植物有相似作用，其药用价值有待开发。

【其他价值】(1) 药用价值　大花五桠果的果实也供药用，能止咳。其更多药用价值有待开发。(2) 观赏价值　其树干通直，叶大浓密，树形美观，花果繁茂，颜色鲜艳，为优良的行道树，还可植于庭园。(3) 经济价值　木材径面的花纹美观，适于作家具、美术工艺品、仪器箱盒、建筑用材等。

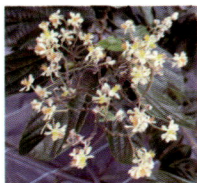

十五、锦葵科（Malvaceae）

破布叶属（*Microcos*）

38. 破布叶

【拉丁学名】*Microcos paniculata* L.

【形态特征】灌木或小乔木，高3～12m，树皮粗糙；嫩枝有毛。叶薄革质，卵状长圆形，长8～18cm，宽4～8cm，先端渐尖，基部圆形，两面初时有极稀疏星状柔毛，以后变秃净，三出脉的两侧脉从基部发出，向上行超过叶片中部，边缘有细钝齿；叶柄长1～1.5cm，被毛；托叶线状披针形，长5～7mm。顶生圆锥花序长4～10cm，被星状柔毛；苞片披针形；花柄短小；

萼片长圆形，长5～8mm，外面有毛；花瓣长圆形，长3～4mm，下半部有毛；腺体长约2mm；雄蕊多数，比萼片短；子房球形，无毛，柱头锥形。核果近球形或倒卵形，长约1cm，果柄短。花期为6—7月。

【地理分布】海南三亚：荔枝沟镇落笔洞、甘什岭。昌江：保梅岭；白沙：南开乡莫南村鹦哥岭、白沙县城附近；保亭：七指岭；万宁：兴隆镇森林公园；琼中：营根镇高田村大岭；儋州：那大镇；澄迈：万福山福民农场；文昌：县委会旁。生于灌丛中。

【营养成分】破布叶果实成熟时可食用，但目前尚未发现关于其营养成分的研究报道，其营养价值还有待进一步研究。

【其他价值】药用价值　破布叶为南方地区常用的民间药，有清热解毒，消食积及解渴开胃的功效。其枝叶中含有生物碱、有机酸、三萜酸、酚性物质及糖类化合物，其中三萜酸类化合物具有广泛的药理作用。破布叶有广泛的药理活性，包括杀虫、清除自由基、抗菌、止泻、镇痛、α-葡萄糖苷酶抑制、细胞毒性和烟碱受体拮抗活性。

十六、葡萄科（Vitaceae）

葡萄属（*Vitis*）

39. 小果葡萄

【拉丁学名】*Vitis balansana* Planch.

【形态特征】木质藤本。小枝圆柱形，有纵棱纹，嫩时小枝疏被浅褐色蛛丝状茸毛，以后脱落无毛。卷须2叉分，每隔2节间断与叶对生。叶心状卵圆形或阔卵形，长4～14cm，宽3.5～9.5cm，顶端急尖或短尾尖，基部心形，基缺顶端呈钝角，边缘每侧有细齿16～22个，微呈波状，正面绿色，初时疏被蛛丝状茸毛，以后脱落无毛；基生脉5出，中脉有侧脉4～6对，网脉明显，两面突出；叶柄长2～5cm，初时被蛛状丝茸毛，以后落无毛；托叶褐

色，卵圆形至长圆形，长2～4mm，宽1.5～3mm，无毛或被蛛状丝茸毛。圆锥花序与叶对生，长4～13cm，疏被蛛丝状茸毛或脱落无毛；花梗长1～1.5mm，无毛；花蕾倒卵圆形，高1～1.4mm，顶端圆形；萼碟形，边缘全缘，无毛；花瓣5，呈帽状黏合脱落；雄蕊5，在雄花内花丝细丝状，长0.6～1mm，花药黄色，椭圆形，长约0.4mm，在雌花内雄蕊比雌蕊短，败育；花盘发达，5裂，高0.3～0.4mm；雌蕊1，子房圆锥形，花柱短，柱头微扩大。果实球形，成熟时紫黑色，直径0.5～0.8cm；种子倒卵长圆形，顶端圆形，基部显著有喙，种脐在种子背面中部呈椭圆形，腹面中棱脊突出，两侧洼穴呈沟状下凹，向上达种子1/3处。花期为2—8月，果期为6—11月。

【地理分布】海南三亚：南山；乐东：黄流镇、鹦哥岭、尖峰岭；白沙：元门乡附近，万宁：兴隆镇；琼中：红毛镇附近；儋州：那大镇。澄迈：昆仑农场；海口：大致坡农场。生于海拔250～800m沟谷阳处，攀缘于树上。

【营养成分】小果葡萄具有果粒小、糖酸比低，出汁率低，单宁含量较高等特点，但其果实营养仍非常丰富，既可作为水果鲜食，又可加工成各种饮料和果脯。其所含的糖分以葡萄糖为主，大部分是容易被人体直接吸收的葡萄糖，矿物质元素主要为Ca、P、Fe等；种子中含有营养保健价值较高的不饱和脂肪酸。

【其他价值】小果葡萄可作为酿酒原料。其果皮色泽深浓，可将其作为调色和调酸原料予以利用。小果葡萄皮色素还可以用于食品及化妆品中，具有较好的开发前景，是一种非常重要的天然色素。从小果葡萄种子中提取高档的食用油和医疗用油已受到各地的重视。我国小果葡萄种类多，遗传多样性十分丰富，尤其在抗逆性上更是令世人瞩目。

40. 绵毛葡萄

【拉丁学名】*Vitis retordii* Rom. Caill. ex Planch.

【形态特征】木质藤本。小枝圆柱形，有纵棱纹，密被褐色长茸毛，以后脱落变稀疏。卷须2叉分枝，每隔2节间断与叶对生。叶卵圆形或卵椭圆形，长6～15cm，宽4～11cm，叶基部心形，基缺凹成锐角，稀有时两侧靠合，边缘每侧有19～43个尖锐锯齿，正面绿色，密生短柔毛，背面为褐色绵毛状长茸毛所覆盖；基生脉5出，中脉有侧脉4～5对，正面突出，被短柔毛，背面为茸毛所覆盖，网脉在正面突出，背面常被绒毛，脱落时可见突起；叶柄长1.5～9cm，密被蛛状丝褐色茸毛；托叶膜质，褐色，卵披针形，长3～5mm，宽2～3mm，近无毛，顶端渐尖，早落。花杂性异株，圆锥花序疏散，长6～10cm，与叶对生，基部分枝发达，花序梗长1.2～2.5cm，常被褐色茸毛；花梗长1～1.5mm，无毛；花蕾倒卵椭圆形，高1.2～1.5mm，顶端圆形；萼碟形，高1.5mm，几全缘，无毛；花瓣5，呈帽状黏合脱落；雄蕊5，花丝丝状，长1～1.2mm，花药黄色，长椭圆形，长约0.5mm，在雌花内雄蕊显著短而败育；花盘发达，5裂；雌蕊1，子房为卵圆形，花柱短，柱头不明显扩大。果实球形，直径约0.8cm；种子为倒卵椭圆形，顶端圆形，基部具短喙，种脐在种子背面中部呈卵椭圆形，每侧有3～4横肋纹，腹面中棱脊突起，两侧洼穴狭窄呈条形，向上达种子1/3处，每侧有2～3条横肋纹。花期为5月，果期为6—7月。

【地理分布】海南乐东：卡法岭、尖峰镇沙模村；琼中有分布记录。生于山坡、沟谷疏林或灌丛中。

【营养成分】绵毛葡萄属于野生葡萄，具有果粒小、糖酸比低、出汁率低、单宁含量较高等特点，其所含的糖分中以葡萄糖为主，大部分是容易被人体直接吸收的葡萄糖，种子中含有营养保健价值较高的不饱和脂肪酸。

【其他价值】其经济价值
与其他野生葡萄类似。

十七、豆科（Leguminosae）

酸豆属（*Tamarindus*）

41. 酸豆

【拉丁学名】*Tamarindus indica* L.

【形态特征】乔木，高10～15m，胸径30～50cm；树皮暗灰色，不规则纵裂。小叶小，长圆形，长1.3～2.8cm，宽5～9mm，先端圆钝或微凹，基部圆而偏斜，无毛。花黄色或杂以紫红色条纹，少数；总花梗和花梗被黄绿色短柔毛；小苞片2枚，长约1cm，开花前紧包着花蕾；萼管长约7mm，檐部裂片披针状长圆形，长约1.2cm，花后反折；花瓣倒卵形，与萼裂片近等长，边缘波状，皱折；雄蕊长1.2～1.5cm，近基部被柔毛，花丝分离部分长约7mm，花药椭圆形，长2.5mm；子房圆柱形，长约8mm，微弯，被毛。荚果圆柱状长圆形，肿胀，棕褐色，长5～14cm，直或弯拱，常不规则地缢缩；种子3～14颗，褐色，有光泽。花期为5—8月；果期为12月至翌年5月。

【地理分布】海南三亚：抱龙林场；乐东：九所镇；东方：感城镇与板桥镇海边一带、中沙乡；昌江：王下乡；五指山（市）：番阳镇一带山地；陵水：椰林公社；儋州：南丰镇纱帽岭；澄迈：昆仑农场；琼海：乌皮桥附近；文昌：铜鼓山及附近；海口：海甸岛；西沙：甘泉岛。热带地区均有栽培。

【营养成分】果肉含丰富的蛋白质、还原糖、有机酸、氨基酸、膳食纤维、果胶质、维生素和矿物质元素

等多种营养成分，其总糖含量中，还原糖含量最高。有机酸中主要是酒石酸、苹果酸和少量柠檬酸、乳酸、草酸及奎宁酸等；氨基酸种类多达18种，其中8种为人体必需氨基酸，脯氨酸含量最高，其次是谷氨酸、精氨酸和天冬氨酸；维生素有含量较高的维生素E、胡萝卜素、B族维生素和少量的维生素C；矿物质元素包含K、Ca、P、Mg、Fe、Mn、Zn、Cu、B，其中K、Ca、P、Mg的含量均较一般水果高，且其果肉营养成分的特性之一就是Ca、P比例平衡，此为多数水果所无法媲美的。种子中含有非纤维碳水化合物、蛋白质、脂肪、膳食纤维。

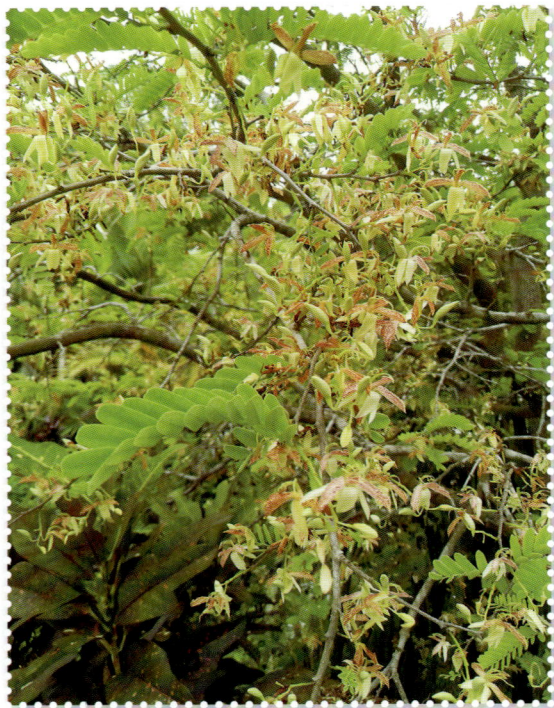

【其他价值】(1) 药用价值　酸豆具有清热解毒、消炎止痛、收敛止血等功效；果肉中还含有较多的多糖类、酚类和黄酮类化合物及丰富的生物活性物质。(2) 观赏价值　酸豆树四季常绿，树干挺拔，树姿优美；主干短，树冠展开呈伞形，冠幅大，枝叶浓密，枝条较柔软，抗强风能力强；总状花序，花期较长，花量大，花色绚丽，具有极好的观赏价值。(3) 经济价值　酸豆的木质坚硬且纤维紧密，是一种优质木材，适宜制作工具；它燃烧时可产生高热值，是一种珍贵的高温燃料。种核中可以提取出一种亲水性的多糖胶，是一种优良的食品添加剂，用其作为稳定剂时，可使产品抗热、抗震、保水性好、不易融化、不析出冰晶与糖、运输中不易松散。除此之外，可以被加工为糕点、蜜饯、果脯、果肉粉、浓缩汁和咖喱粉等。它生态适应性强，根系发达，是能很好地适应干热区荒山、荒坡水土保持经济林的优秀树种。

十八、蔷薇科（Rosaceae）

枇杷属（*Eriobotrya*）

42. 台湾枇杷

【拉丁学名】*Eriobotrya deflexa* (Hemsl.) Nakai

【形态特征】常绿乔木。高5～12m；小枝粗壮，棕灰色，幼时密生棕色茸毛，以后脱落近无毛。叶片集生小枝顶端，长圆形或长圆披针形，长10～19cm，宽3～7cm，先端短尾尖或渐尖，基部楔形，边缘微向外卷，具疏生不规则内弯粗钝锯齿，正面光亮，初两面有短茸毛，不久脱落无毛，侧脉10～12对，弯达齿端，在叶片下面隆起；叶柄长2～4cm，无毛。圆锥花序顶生，长6～8cm，直径10～12cm，总花梗和花梗均密生棕色茸毛；花

梗长6～12mm；苞片和小苞片披针形，长4～6mm，外面有茸毛；花直径15～18mm；萼筒杯状，直径6～7mm，外面密生棕色茸毛；萼片三角卵形，长约2mm，外面有棕色茸毛，内面无毛；花瓣白色，圆形或倒卵形，直径7～9mm，先端微缺至深裂，无毛；雄蕊20，长约为花瓣的一半；花柱3～5，在中部合生，并有柔毛，子房无毛。果实近球形，直径1.2～2cm，黄红色，无毛；种子1～2枚，卵形或长椭圆形，长8～15mm。花期为5—6月，果期为6—8月。

【地理分布】海南三亚：甘什岭、育才镇雅林村（原洋林村）；乐东：尖峰岭；东方：江边乡冲俄村；昌江：霸王岭、七叉镇；陵水：吊罗山白水岭；万宁：礼纪镇茄新村；琼中：红毛镇附近；琼海：海南植物园。生于中海拔林中。

【营养成分】台湾枇杷果实酸甜可口，营养丰富，含蛋白质、维生素、胡萝卜素和多种氨基酸等，可维护人体健康；所含苹果酸、柠檬酸可增强食欲，助消化。另外枇杷果含Ca、P均显著高于其他常见水果。其除鲜食外，台湾枇杷还可加工成果酱、果酒等。

【其他价值】（1）药用价值　台湾枇杷叶有清肺和胃，降气化痰的作用。而枇杷鲜果有止渴、退火的功效。（2）经济价值　台湾枇杷与枇杷有近缘性，果实和花序均较大、花瓣较宽，果实可食，具有开发价值。台湾枇杷发病率和病情指数均比普通枇杷的低，利用台湾枇杷改良普通枇杷可提高其对叶斑病耐病性的潜力。

悬钩子属（*Rubus*）

43. 粗叶悬钩子

【拉丁学名】*Rubus alceifolius* Poir.

【形态特征】攀缘灌木。枝被黄灰色至锈色茸毛状长柔毛，有稀疏皮刺。单叶，近圆形或宽卵形，长6～16cm，宽5～14cm，顶端圆钝，稀急尖，基部心形，正面疏生长柔毛，并有囊泡状小突起，背面密被黄灰色至锈色茸毛，沿叶脉具长柔毛，边缘不规则3～7浅裂，裂片圆钝或急尖，有不整齐粗锯齿，基部有5出脉；叶柄长3～4.5cm，被黄灰色至锈色茸毛状长柔毛，疏生小皮刺；托叶大，长约1～1.5cm，羽状深裂或不规则的撕裂，裂片线形或线状披针形。花呈顶生狭圆锥花序或近总状花序，也呈腋生头状花束，稀为单生；总花，梗、花梗和花萼被浅黄色至锈色茸毛状长柔毛；花梗短，最长者不

到1cm；苞片大，羽状至掌状或梳齿状深裂，裂片线形至披针形，或裂片再次分裂；花直径1～1.6cm；萼片宽卵形，有浅黄色至锈色茸毛和长柔毛，外萼片顶端及边缘掌状至羽状条裂，稀不分裂，内萼片常全缘而具短尖头；花瓣宽倒卵形或近圆形，白色，与萼片近等长；雄蕊多数，花丝宽扁，花药稍有长柔毛；雄蕊多数，子房无毛。果实近球形，直径达1.8cm，肉质，红色；核有皱纹。花期为7—9月，果期为10—11月。

【地理分布】海南三亚：甘什岭；乐东：万冲镇南盆村鹦哥岭、尖峰岭；昌江：七叉镇七差岭；白沙：元门乡；五指山（市）：南圣镇同甲村；保亭：毛感乡、七指岭；万宁：兴隆镇森林公园、县城边、礼纪镇石梅村；琼中：营根镇大墩乡附近；儋州：兰洋镇莲花峰；澄迈：昆仑农场；屯昌：中坤农场。生于低海拔的灌木林中。

【营养成分】果实颜色鲜艳、无籽多汁、肉质脆嫩且营养丰富。粗叶悬钩子果实作为水果来食用，果实中的维生素C含量大于栽培山楂、草莓、红富士苹果、芒果、川红橘和菠萝等多种水果；有机酸含量较高；含糖量优于一般野生和栽培果品，其中还原糖含量较高；富含K、Ca、Mg、Zn、P、Fe、Se等多种矿物质元素。此外，一般悬钩子属果实还含有蛋白质，以及柠檬酸、苹果酸、酒石酸、乙酸、乳酸、草酸等多种有机酸和多种氨基酸成分，其中包含7种人体必需氨基酸。营养物质丰富。

【其他价值】药用价值　现代药理学研究表明，粗叶悬钩子的干燥根和叶的主要活性成分为三萜类、多酚类、蒽醌类、黄酮等化合物。药用价值不断被发掘。

44. 越南悬钩子

【拉丁学名】*Rubus cochinchinensis* Tratt.

【形态特征】攀缘灌木。枝、叶柄、花序和叶片下面中脉上疏生弯曲小皮刺；枝幼时有黄色茸毛，逐渐脱落。掌状复叶常具5小叶，上部有时具3小叶，小叶片椭圆形、倒卵状椭圆形或椭圆状披针形，长5～10cm，宽2～3.5cm，顶生小叶比侧生者稍宽大，顶端短渐尖，基部楔形，正面无毛，背面密被褐黄色茸毛，边缘有不整齐锐锯齿；叶柄长4～5cm，幼时被茸毛，老时脱落，小叶柄长3～6mm；托叶较宽，长5～7mm，扇形，掌状分裂，裂片披针形。花成顶生圆锥花序，或腋生近总状花序，也常花数朵簇生于叶腋；总花梗、花梗和花萼均密被黄色茸毛；花梗长4～10mm；苞片掌状或梳齿状分裂，早落；花直径8～12mm；花萼钟状，无刺；萼片卵圆形，顶端渐尖，外萼片顶端3浅裂；花瓣近圆形，白色，短于萼片；雄蕊多数，花丝钻形，无毛，比萼片和花瓣短；雌蕊约30～40，无毛，花柱长于萼片。果实球形，幼时红色，熟时变黑色。花期为3—5月，果期7—8月。

【**地理分布**】海南三亚：甘什岭；乐东：万冲镇南盆鹦哥岭、利国镇白石岭、尖峰镇沙模村；东方：江边乡冲俄村；白沙：元门乡附近；五指山（市）：番阳镇布伦村南乐山；保亭：毛感乡；万宁：青皮林博房岭；儋州：那大镇；临高：红光农场；澄迈：昆仑农场；琼海：南太农场；海口：甲子岭。生于低海拔至中海拔灌木林中。

【**营养成分**】其果实成熟时可食用。

【**其他价值**】（1）**药用价值**　越南悬钩子叶的水提取物可降低血糖水平。此外，在民间，悬钩子属果实、种子、根及叶均可入药，在国内外具有很长的药用历史。

45. 裂叶悬钩子

【拉丁学名】*Rubus howii* Merr. & Chun.

【形态特征】攀缘灌木。枝圆柱形，褐色，密被暗黄褐色柔毛，疏生小皮刺。单叶，长圆形至卵状长圆形，长7～14cm，宽2～5cm，顶端急尖至短渐尖，基部心形，两面沿叶脉具黄褐色长柔毛，下面沿中脉疏生小皮刺，边缘有不整齐粗锯齿，中部以下部每侧具1或2枚宽卵形浅裂片，裂片长短不等，长者可达1.5cm，叶脉6～8对；叶柄长1～2cm，密被黄褐色长柔毛和少数小皮刺；托叶离生，长约8mm，深裂，裂片线形，有黄褐色长柔毛，脱落。花成顶生近总状花序，也常数朵簇生或1～2朵；总花梗、花梗和花萼均密被黄褐色长柔毛；花梗长约1cm，有时疏生小皮刺；苞片与托叶相似；花直径约1cm；萼片卵状披针形至长圆披针形，长6～8mm，顶端渐尖，全缘，外面边缘具灰白色茸毛；花瓣椭圆形，浅黄褐色，长5～7mm，顶端圆钝，基部具短爪；雄蕊多数，花丝无毛，比花柱短；雌蕊无毛。花期在4月。

【地理分布】海南陵水：吊罗山新安村；万宁：南桥镇；琼中：和平镇长沙村一带。生于中海拔林中。

【营养成分】其果实成熟时可食用。

【其他价值】药用价值　在民间，悬钩子属果实、种子、根及叶均可入药，在国内外具有很长的药用历史。有抗氧化、抗菌、降糖、心血管保护等多种作用，药用价值较高。

47. 茅莓

【拉丁学名】 *Rubus parvifolius* L.

【形态特征】 灌木，高 1 ~ 2m；枝呈弓形弯曲，被柔毛和稀疏钩状皮刺；小叶3枚，在新枝上偶有5枚，菱状圆形或倒卵形，长 2.5 ~ 6cm，宽 2 ~ 6cm，顶端圆钝或急尖，基部圆形或宽楔形，上面伏生疏柔毛，下面密被灰白色茸毛，边缘有不整齐粗锯齿或缺刻状粗重锯齿，常具浅裂片；叶柄长 2.5 ~ 5cm，顶生小叶柄长 1 ~ 2cm，均被柔毛和稀疏小皮刺；托叶线形，长约5 ~ 7mm，具柔毛。伞房花序顶生或腋生，稀顶生花序成短总状，具花数朵至多朵，被柔毛和细刺；花梗长 0.5 ~ 1.5cm，具柔毛和稀疏小皮刺；苞片线形，有柔毛；花直径约 1cm；花萼外面密被柔毛和疏密不等的针刺；萼片卵状披针形或披针形，顶端渐尖，有时条裂，在开花坐果时均直立开展；花瓣卵圆形或长圆形，粉红至紫红色，基部具爪；雄蕊花丝白色，稍短于花瓣；子房具柔毛。果实卵球形，直径 1 ~ 1.5cm，红色，无毛或具稀疏柔毛；核有浅皱纹。花期为 5—6 月，果期为 7—8 月。

【地理分布】 海南澄迈：昆仑农场；海口：永兴镇。生于路旁、山谷或荒坡。

【营养成分】 茅莓果实酸甜可口、味道鲜美、口感细腻，含多种维生素、矿物质、氨基酸和抗衰老物质，营养价值高，是天然的绿色保健食品。茅莓鲜果中水分含量占主要部分，此外还有可溶性固形物、总糖、蛋白质及有机酸等；富含维生素E、维生素B、维生素B_2；鲜茅莓果汁中维生素C，以及 Fe、Zn、Se 等矿物质元素含量也很可观，营养价值颇高。此外，茅莓果实中含有丰富的超氧化物歧化酶（SOD）。

【其他价值】 药用价值 在岭南地区，茅莓的干燥根为民间常用中草药，其味甘、苦，性微寒，具有清热解毒、活血化瘀、接骨生肌的功效。现代药理

研究表明，茅莓具有止血活血的双向调节作用，可调节心血管系统的机能，同时具有抗肿瘤、抗炎、抗氧化等作用。

48. 梨叶悬钩子

【拉丁学名】*Rubus pirifolius* Sm.

【形态特征】攀缘灌木。枝具柔毛和扁平皮刺。单叶，近革质，卵形、卵状长圆形或椭圆状长圆形，长6～11cm，宽3.5～5.5cm，顶端急尖至短渐尖，基部圆形，两面沿叶脉有柔毛，逐渐脱落至近无毛，侧脉5～8对，在下面突起，边缘具不整齐的粗锯齿；叶柄长达1cm，伏生粗柔毛，有稀疏皮刺；托叶分离，早落、条裂，有柔毛。圆锥花序顶生或生于上部叶腋内；总花梗、花梗和花萼密被灰黄色短柔毛，无刺或有少数小皮刺；花梗长4～12mm；苞片条裂成3～4枚线状裂片，有柔毛，早落；花直径1～1.5cm；萼筒浅杯状；萼片卵状披针形或三角状披针形，内外两面均密被短柔毛，顶端2～3条裂或全缘；花瓣小，白色，长3～5mm，长椭圆形或披针形，短于萼片；雄蕊多数，

花丝线形；雌蕊5～10，通常无毛。果实直径1～1.5cm，由数个小核果组成，带红色，无毛；小核果较大，长5～6mm，宽3～5mm，有皱纹。花期为4—7月，果期为8—10月。

【地理分布】海南乐东：尖峰岭；昌江：王下乡；陵水：吊罗山白水林场；万宁：兴隆镇森林公园、南林农场；琼中：和平镇长沙村。生于低海拔至中海拔荫蔽处。

【营养成分】果实成熟时可食用。

【其他价值】药用价值　在民间，悬钩子属果实、种子、根及叶均可入药，在国内外具有很长的药用历史，具有抗氧化、抗菌、降糖、心血管保护等多种功效，药用价值较高。具有补肝肾、缩小便，助阳固精，明目之功效，常用于治疗口腔炎、腹泻等炎症，现代医学研究发现，悬钩子属植物还含有酚酸、挥发油、黄酮、萜类及甾类等有效成分。

49. 浅裂锈毛莓

【拉丁学名】*Rubus reflexus* Ker Gawl. var. *hui*（Diels ex Hu）F. P. Metcalf.

【形态特征】攀缘灌木，高达2m。枝被锈色茸毛状毛，有稀疏小皮刺。单叶，叶片心状宽卵形或近圆形，长8～13cm，宽7～12cm，上面无毛或沿叶脉疏生柔毛，有明显皱纹，下面密被锈色茸毛，沿叶脉有长柔毛，边缘3～5浅裂，有不整齐的粗锯齿或重锯齿，基部心形，顶生裂片比侧生者仅稍长或近等长，裂片急尖；叶柄长2.5～5cm，被茸毛并有稀疏小皮刺；托叶宽倒卵形，长宽各约1～1.4cm，被长柔毛，梳齿状或不规则掌状分裂，裂片披针形或线状披针形。花数朵团集生于叶腋或成顶生短总状花序；总花梗和花梗密被锈色长柔毛；花梗很短，长3～6mm；苞片与托叶相似；花直径1～1.5cm；

花萼外密被锈色长柔毛和茸毛；萼片卵圆形，外萼片顶端常掌状分裂，裂片披针形，内萼片常全缘；花瓣长圆形至近圆形，白色，与萼片近等长；雄蕊短，花丝宽扁，花药无毛或顶端有毛；雌蕊无毛。果实近球形，深红色；核有皱纹。花期6—7月，果期8—9月。

【地理分布】海南三亚：甘什岭、育才镇雅林村（原洋林村）；乐东：尖峰镇沙模村；昌江：霸王岭、七叉镇七差岭；儋州：兰洋镇莲花峰。生于中海拔林中。

【营养成分】果实成熟时可食用，悬钩子属果实有较高的蛋白质含量，不饱和脂肪酸含量高，其中亚油酸值较高。含有多种维生素，包括维生素C、维生素E和B族维生素；含有Na、K、Mg、Ca、P、Zn、Fe、Mo和Co等矿物质元素；含有柠檬酸、苹果酸、酒石酸、乙酸、乳酸、草酸等多种有机酸；含有多种氨基酸成分，包括7种人体必需氨基酸。营养物质丰富。

【其他价值】药用价值　现代药理研究表明，浅裂锈毛莓具有抗炎保肝作用；锈毛莓在福建闽南一带常作为客家保肝降火的常备良药，具有良好的民间用药基础，其果实、种子、根及叶可入药，在我国传统医学中广泛应用，多具有活血化瘀、祛风祛湿、清热解毒、固肾涩精等功效。锈毛莓具有一定的生物活性，药用价值有待进一步开发。

50. 红腺悬钩子

【拉丁学名】*Rubus sumatranus* Miq.

【形态特征】直立或攀缘灌木。小枝、叶轴、叶柄、花梗和花序均被紫红色腺毛、柔毛和皮刺；腺毛长短不等，长者达4~5mm，短者1~2mm。小叶5~7枚，稀3枚，卵状披针形至披针形，长3~8cm，宽1.5~3cm，顶端渐尖，基部圆形，两面疏生柔毛，沿中脉较密，背面沿中脉有小皮刺，边缘具不整齐的尖锐锯齿；叶柄长3~5cm，顶生小叶柄长达1cm；托叶披针形或线状披针形，有柔毛和腺毛。花3朵或数朵成伞房状花序，稀单生；花梗长2~3cm；苞片披针形；花直径1~2cm；花萼被长短不等的腺毛和柔毛；萼片披针形，长0.7~1cm，宽0.2~0.4cm，顶端长尾尖，在果期反折；花瓣长倒卵形或匙状，白色，基部具爪；花丝线形；雌蕊数可达400枚，花柱和子房均无毛。果实长圆形，长1.2~1.8cm，橘红色，无毛。花期为4—6月，果期为7—8月。

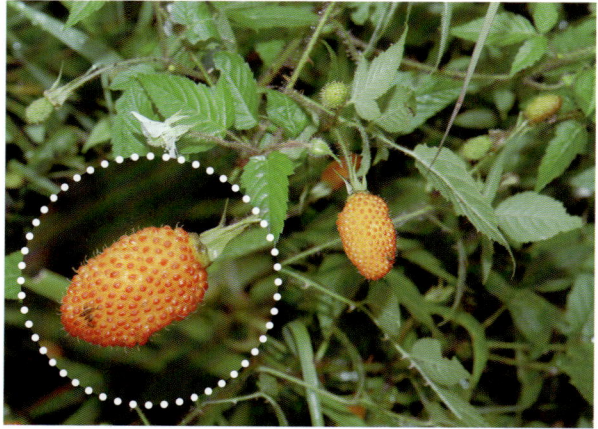

【地理分布】昌江：霸王岭；白沙：鹦哥岭；五指山（市）：五指山；保亭：毛感乡尖岭；陵水：吊罗山新安村。生于山坡或山谷中。

【营养成分】悬钩子属的多汁浆果属于重要的第三代水果。红腺悬钩子果实可供生食，亦可加工成果酱、果酒和果汁等。鲜食时口感甜，含水量高达85%以上；富含糖类、蛋白质及多种维生素，鲜果中维生素C含量与常见的如苹果、草莓、梨等栽培水果相当，还有维生素E、维生素B_1、维生素B_2、烟酸等。

【其他价值】药用价值 红腺悬钩子根、茎、叶均可入药。根味甘、辛，性温，可祛风活血、补肾壮阳；茎味辛、苦，性平，能解表散寒、祛风除湿、活血止痛；叶味甘、苦，性平；补肾解毒，主治黄水疮。红腺悬钩子的种子油既具有降低胆固醇等功效，又有清除机体代谢过程中产生的过多的氧自由基的作用，在防辐射、抗衰老等方面显示出独特的功能，添加到药品化妆品中起抗炎、抗衰老的作用。

51. 红毛悬钩子

【拉丁学名】*Rubus wallichianus* Wight & Arn.

【形态特征】攀缘灌木，高1～2m。小枝粗壮，红褐色，有棱，密被红褐色刺毛，并具柔毛和稀疏皮刺。小叶3枚，椭圆形、卵形、稀倒卵形，长4～9cm，宽2～7cm，顶端尾尖或急尖，稀圆钝，基部圆形或宽楔形，上面紫红色，无毛，叶脉下陷，下面仅沿叶脉疏生柔毛、刺毛和皮刺，边缘有不整齐细锐锯齿；叶柄长2～4.5cm，顶生小叶柄长1.5～3cm，侧生小叶近无柄，与叶轴均被红褐色刺毛、柔毛和稀疏皮刺；托叶线形，有柔毛和稀疏刺毛。花数朵在叶腋团聚成束，稀单生；花梗短，长4～7mm，密被短柔毛；苞片线形或线状披针形，有柔毛；花直径1～1.3cm；花萼外面密被茸毛状柔毛；萼片卵形，顶端急尖，在果期直立；花瓣长倒卵形，白色，基部具爪，长于萼片；雄蕊花丝稍宽扁，几与雌蕊等长；花柱基部和子房顶端具柔毛。果实球形，直径5～8mm，熟时金黄色或红黄色，无毛；核有深刻皱纹。花期为3—4月，果期为5—6月。

【地理分布】海南昌江：霸王岭。生于山地林缘。

【营养成分】红毛悬钩子的果实中含大量水分、糖类、有机酸及维生素C。

【其他价值】药用价值　红毛悬钩子的干燥根为我国湖北少数民族地区常用药材，目前研究发现，其含有没食子酸、熊果酸、积雪草酸、积雪草酸苷等三萜糖苷类成分；此外，悬钩子属多种植物具有补肝肾、缩小便、助阳固精、明目之功效。现代医学研究发现，悬钩子属植物具有抗氧化、抗菌、降糖、心血管保护等多种功效，药用价值较高。

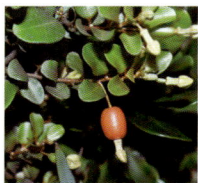

十九、胡颓子科（Elaeagnaceae）

胡颓子属（*Elaeagnus*）

52. 角花胡颓子

【拉丁学名】*Elaeagnus gonyanthes* Benth.

【形态特征】常绿攀缘灌木，通常无刺。幼枝纤细伸长，密被棕红色或灰褐色鳞片，老枝鳞片脱落，灰褐色或黑色，具光泽。叶革质，椭圆形或矩圆状

椭圆形，长5～9cm，稀达13cm，宽1.2～5cm，顶端钝形或钝尖，基部圆形或近圆形，稀窄狭，边缘微反卷，正面幼时被锈色鳞片，成熟后脱落，具光泽，干燥后多少带绿色，背面棕红色，稀灰绿色，具锈色或灰色鳞片，侧脉7～10对，近边缘分叉而互相连接，两面均显著凸起，网状脉在上面明显，下面不清晰；叶柄锈色或褐色，长4～8mm。花白色，被银白色和散生褐色鳞片，单生新枝基部叶腋，幼时有时数花簇生新枝基部，每花下有1苞片，花后发育成叶片，花梗长3～6mm；萼筒四角形或短钟形，长4～6mm，在上面微收缩，基部膨大后在子房上明显骤收缩，裂片卵状三角形，长3.5～4.5mm，顶端钝尖，内面具白色星状鳞毛，包围子房的萼管矩圆形或倒卵状矩圆形，长2～3mm；雄蕊4，花丝比花药短，花药矩圆形，长1.1mm；花柱直立，无毛，上端弯曲，达裂片的一半以上，柱头粗短。果实阔椭圆形或倒卵状阔椭圆形，长15～22mm，直径约为长的一半，幼时被黄褐色鳞片，成熟时黄红色，顶端常有干枯的萼筒宿存；果梗长12～25mm，直立或稍弯曲。花期为10—11月，果期为次年2—3月。

【地理分布】海南东方：天安镇雅隆村；保亭：毛感乡千龙村千龙洞；陵水：吊罗山；昌江：昌化镇；万宁：铜铁岭、大洲岛；文昌：铜鼓岭；三亚、琼中及澄迈有分布记录。生于丘陵灌丛、山地混交林或疏林。

【营养成分】角花胡颓子果实酸味较重，含有较丰富的矿物质元素，包括Fe、Cu、Mn、Zn、Ca、K等，其中Ca含量明显高于普通栽培水果，可作为矿物质饮品的生产原料进行进一步的开发利用；含有15种氨基酸，其中6种为人体必需氨基酸；此外，还富含糖类、有机酸类及维生素等营养物质。

【其他价值】（1）药用价值　角花胡颓子是海南特有药用植物，是海南黎族地区常用药物之一，在黎族医药中有悠久的药用历史。其根、叶、果皆可入药。对风湿性关节炎、腰腿痛及跌打止痛、支气管哮喘等有一定功效。现代药理学的研究表明，角花胡颓子中含有熊果酸和齐墩果酸等皂苷类物质、芦丁为主的黄酮类物质具有抗炎活性。此外，角花胡颓子属植物药用价值高，具有包括抗炎镇痛作用、平喘作用、提高免疫，以及降血糖、降血脂、抗脂质氧化作用等。（2）经济价值　国外学者发现胡颓子属植物具有较高的固氮能力，可作为荒地和草原土壤改良的先锋植物，该属植物果实还可代替番茄作为提取番茄红素的主要来源。

二十、鼠李科（Rhamnaceae）

枳椇属（*Hovenia*）

53. 拐枣

【拉丁学名】*Hovenia acerba* Lindl.

【形态特征】高大乔木，高10～25m；小枝褐色或黑紫色，被棕褐色短柔毛或无毛，有明显白色的皮孔。叶互生，厚纸质至纸质，宽卵形、椭圆状卵形或心形，长8～17cm，宽6～12cm，顶端长渐尖或短渐尖，基部截形或心形，边缘常具细锯齿，上部或近顶端的叶有不明显的齿，稀近全缘，上面无毛，下面沿脉或脉腋常被短柔毛或无毛；叶柄长2～5cm，无毛。二歧式聚伞圆锥花序，顶生和腋生，被棕色短柔毛；花两性，直径5～6.5mm；萼片具网状脉或纵条纹，无毛，长1.9～2.2mm，宽1.3～2mm；花瓣椭圆状匙形，长2～2.2mm，宽1.6～2mm，具短爪；花盘被柔毛；花柱半裂，稀浅裂或深裂，长1.7～2.1mm，

无毛。浆果状核果近球形，直径5～6.5mm，无毛，成熟时黄褐色或棕褐色；果序轴明显膨大；种子暗褐色或黑紫色，直径3.2～4.5mm。花期为5—7月，果期为8—10月。

【地理分布】海南有栽培或野生。

【营养成分】拐枣新鲜食用的部分一般为膨大成肉质的果梗。拐枣中含有多种人体必需营养成分，有较高食用价值。多糖是拐枣果实重要的生物活性物质之一，此外，拐枣还含有维生素C、维生素B$_1$、维生素B$_2$、胡萝卜素4种维生素；含有丰富的有机酸，包括草酸、酒石酸、苹果酸、醋酸、富马酸、琥珀酸、阿魏酸、香草酸等，其中酒石酸是它的特征酸；含K、Ca、Mg、Na、Fe、Mn、Cu、Zn、Co、Ni等10种矿物质元素。其种子油中脂肪酸主要为不饱和脂肪酸，以亚麻酸含量最高。

【其他价值】（1）药用价值　拐枣也称枳椇子，不仅可食亦可入药，可养阴、生津、润燥、止渴、凉血等；拐枣子性甘、酸，味平，归心、脾经，具解酒毒、止渴除烦、止呕、利二便的功效。据研究表明，枳椇含许多生物活性成分，具有解酒、保肝、抗疲劳、降糖、免疫调节等作用。（2）经济价值　拐枣木材材质硬度适中，纹理粗而美观，收缩小，易加工，还含特有的香气，能防腐保鲜，既可作为优质建筑材料和室内装饰材料，也可用来制作美术工艺品和高档家具。

雀梅藤属（*Sageretia*）

54. 雀梅藤

【拉丁学名】*Sageretia thea*（Osbeck）M. C. Johnst.

【形态特征】藤状或直立灌木。小枝具刺，互生或近对生，褐色，被短柔毛。叶纸质，近对生或互生，通常椭圆形、矩圆形或卵状椭圆形，稀卵形或近圆形，长1～4.5cm，宽0.7～2.5cm，顶端锐尖、钝或圆形，基部圆形或近心形，边缘具细锯齿，正面绿色，无毛，背面浅绿色，无毛或沿脉被柔毛，侧脉

每边3～4条，正面不明显，背面明显凸起；叶柄长2～7mm，被短柔毛。花无梗，黄色，有芳香，通常2～数个簇生排成顶生或腋生疏散穗状或圆锥状穗状花序；花序轴长2～5cm，被茸毛或密短柔毛；花萼外面被疏柔毛；萼片三角形或三角状卵形，长约1mm；花瓣匙形，顶端2浅裂，常内卷，短于萼片；花柱极短，柱头3浅裂，子房3室，每室具1胚珠。核果近圆球形，直径约5mm，成熟时黑色或紫黑色，具1～3分核，味酸；种子扁平，二端微凹。花期为7—11月，果期为翌年3—5月。

【地理分布】海南白沙：元门乡附近；五指山（市）：南圣镇毛祥村；万宁：南林乡农场；琼中：和平镇长沙村附近。生于海拔30～800m山谷疏林中。

【营养成分】雀梅藤中含有水分、灰分、膳食脂肪、膳食纤维、粗蛋白、糖等主要营养成分，其中膳食纤维及粗蛋白含量较高，膳食纤维对肥胖、高血脂、糖尿病等起一定的预防和治疗作用；此外，还含有维生素B_1、维生素B_2、维生素C、烟酸、β-胡萝卜素，其中维生素B_2含量最高；含有Fe、Co、K、P、Ca及Na、Cu、Mg、Zn、Mn等矿物质元素，其中P含量最高，P是人体中含量最多的元素之一，主要参与机体组成及能量代谢；含有丙氨酸、苯丙氨酸、赖氨酸等17种氨基酸，其中7种是人体所必需的氨基酸，其中丙氨酸含量最高。

【其他价值】药用价值　《中华本草》《中药大辞典》《云南中药资源名录》《贵州中药资源研究》中均有记载，雀梅藤具有降气化痰、祛风利湿的功效。雀梅藤的浆果含有丰富的花青素，以及其他多种营养物质，具有一定的抗氧化活性，具有极大的药用研究价值。

枣属（*Ziziphus*）

55. 骏枣

【拉丁学名】*Ziziphus rugosa* Lam.

【形态特征】常绿灌木或小乔木，高达9m。幼枝被锈色或黄褐色密茸毛，老枝红褐色，粗糙，有条纹，具明显的皮孔，常有1个紫红色下弯的短刺，长3～6mm。叶纸质或近革质，宽卵形或宽椭圆形，长8～14cm，宽4.5～9.5cm，顶端圆形，基部近心形或圆形，偏斜，不对称，边缘具细锯齿，上面绿色，下面被锈色或黄褐色密茸毛，基生3～5出脉，叶脉在正面下陷，背面凸起，具明显的网脉；叶柄短粗，被黄褐色密茸毛。花绿色，被密柔毛，

5基数，两性，通常数个密集成聚伞花序，排成大圆锥花序或总状花序，具长5～12mm的总花梗，花序长达20cm，花梗长1～2mm，花序，总花梗及花梗均被锈色密茸毛；萼片卵状三角形，顶端尖，外面被锈色茸毛，与萼筒近等长；无花瓣，花盘稍厚，圆形，5裂；子房球形，密被茸毛，基部近1/3与花盘合生，2室；花柱2深裂或2半裂。核果倒卵球形或近球形，橙黄色，成熟时变黑色，长9～12mm，直径8～10mm，被毛，后渐脱落；果梗长7～10mm，有茸毛，具1种子；内果皮薄，脆壳质；种子球形，红褐色，长宽6～7mm。花期为3—5月，果期为4—6。

【地理分布】海南乐东：鹦哥岭；保亭：毛感乡仙安石林；三亚、东方及昌江有分布记录。生于中海拔干燥或阴坡疏林中。

【营养成分】皱枣的新鲜果实可食用，果肉可用来制作果汁和调味汁。成熟果实中水分和糖类占主要部分，还有脂肪、纤维、蛋白质、矿物质元素等多种营养物质。矿物质元素有N、K、Na、Ca、Mg、P等，其中N占主导地位，Ca含量最低。

【其他价值】药用价值　皱枣的根皮和茎皮、叶和花可入药，干燥叶和果实可用于治疗脓肿；花可用于治疗月经过多；茎和果实可以降血压。据报道，皱枣提取物中含有生物碱、皂苷、黄酮类和糖苷类化合物，树皮中含有香草酸、白桦醇、白桦酸、山柰酚、槲皮素、杨梅素、芹菜素及环肽生物碱等多种化合物；从树皮中分离得到的三萜皂苷对大白鼠具有中枢神经系统抑制、镇静和镇痛作用，且无肝毒性；环肽生物碱和三萜类化合物有抗菌和神经抑制等活性，可用于防治细菌性疾病、自由基损伤和虫媒病毒。

二十一、桑科（Moraceae）

波罗蜜属（*Artocarpus*）

56.白桂木

【拉丁学名】*Artocarpus hypargyreus* Hance ex Benth.

【形态特征】大乔木，高10～25m，胸径40cm；树皮深紫色，片状剥落；幼枝被白色紧贴柔毛。叶互生，革质，椭圆形至倒卵形，长8～15cm，宽4～7cm，先端渐尖至短渐尖，基部楔形，全缘，幼树之叶常为羽状浅裂，表面深绿色，仅中脉被微柔毛，背面绿色或绿白色，被粉末状柔毛，侧脉每边6～7条，弯拱向上，在表面平，在背面明显突起，网脉很明显，干时背面灰白色；叶柄长1.5～2cm，被毛；托叶线形，早落。花序单生叶腋。雄花序椭圆形至倒卵圆形，长1.5～2cm，直径1～1.5cm；总柄长2～4.5cm，被短柔毛；雄花花被4裂，裂片为匙形，与盾形苞片紧贴，密被微柔毛，雄蕊1枚，花药椭圆形。雌花序较小，花被管状。聚花果近球形，直径3～4cm，浅黄色至橙黄色，表面被褐色柔毛，微具乳头状凸起；果柄长3～5cm，被短柔毛。花期春夏。

【地理分布】白沙：元门乡翁村；儋州：洛南村、兰洋镇莲花岭一带；澄迈：昆仑农场。琼海：东太农场附近。生于低海拔疏林中。

【营养成分】果实和种子可生食，味似柠檬，酸甜，也可作蜜饯、饮料的原料，还可作调味料。据报道，白桂木果实中水分占最主要部分，此外还有可溶性固形物、总糖、总酸、粗蛋白、脂肪、维生素及矿物质元素等各种人体所必需的营养成分；其中维生素包括维生素C、维生素E、维生素B_1、维生素B_2、维生素B_6；矿物质元素有Ca、Zn、Fe、As、Pb、Hg等。

【其他价值】（1）药用价值 据《中华本草》等记载，白桂木根味甘、淡，性温，具有祛风利湿、活血通络之功效。（2）观赏价值 白桂木树干高大，树形优美，枝叶繁茂，遮阴面宽，适宜性强，是绿化的好树种，特别是在炎热的夏季，可为人们提供舒适的休息场所。对发展热带、亚热带地区特色农业，促进区域经济的发展，实现农业产业结构的调整具有重要意义。

57. 桂木

【拉丁学名】*Artocarpus nitidus* Trécul subsp. *lingnanensis* (Merr.) F. M. Jarrett

【形态特征】乔木，高可达17m，主干通直。树皮黑褐色，纵裂，叶互生，革质，长圆状椭圆形至倒卵椭圆形，长7～15cm，宽3～7cm，先端短尖或具短尾，基部楔形或近圆形，全缘或具不规则浅疏锯齿，表面深绿色，背面淡绿色，两面均无毛，侧脉6～10对，在表面微隆起，背面明显隆起，嫩叶干时黑色；叶柄长5～15mm；托叶披针形，早落。雄花序头状，倒卵圆形至长圆形，长2.5～12mm，直径2.7～7mm，雄花花被片2～4裂，基部联合，

长0.5～0.7mm，雄蕊1枚；雌花序近头状，雌花花被管状，花柱伸出苞片外。聚花果近球形，表面粗糙被毛，直径约5cm，成熟红色，肉质，干时褐色，苞片宿存；小核果10～15颗。总花梗长1.5～5mm。花期为4—5月。

【地理分布】海南乐东：万冲镇南盆村鹦哥岭、尖峰岭；东方：东河镇南浪村九龙山；昌江：霸王岭乌烈林场；陵水：桃源村；万宁：兴隆镇南旺水库、南桥镇铜铁岭；琼中：黎母山；儋州：红岭农场红岭山。生于旷野或山谷林中。

【营养成分】成熟果实近圆形，酸甜可食，果肉鲜红似胭脂，百姓常采食。果实中营养物质丰富，含总酸、粗蛋白、脂肪、膳食纤维，以及维生素C、维生素B_1、维生素B_2、胡萝卜素等多种维生素。果实可食用部分较多，还可以加工成饮料、果酱、果冻等。

【其他价值】（1）药用价值　其根、果可入药，根入药健胃行气、活血祛风。果入药可清肺止咳、活血止血。种子中含有丰富的桂木凝集素，血凝活力强，能有效抑制T淋巴细胞的生长、促进人体某些树突状细胞的成熟及增殖等，具有很强的生物学活性。（2）经济价值　桂木材质坚硬、纹理细致，可做建筑用材或家具等原料用材。桂木果肉鲜红，可提取天然色素；桂木适应性、抗污和固沙能力较强，对生态环境具有稳定的适生性，可作为优良的绿化树种使用。

58. 二色波罗蜜

【拉丁学名】*Artocarpus styracifolius* Pierre

【形态特征】乔木，高达20m。树皮暗灰色，粗糙；小枝幼时密被白色短柔毛。叶互生排为2列，皮纸质，长圆形或倒卵状披针形，有时椭圆形，长4～8cm，宽2.5～3cm，先端渐尖为尾状，基部楔形，略下延至叶柄，全缘，表面深绿色，疏生短毛，背面被苍白色粉末状毛，脉上更密，侧脉4～7对，表面平，背面不突起，网脉明显；叶柄长8～14mm，被毛；托叶钻形，脱落。花雌雄同株，花序单生叶腋，雄花序椭圆形，长6～12mm，直径4～7mm，密被灰白色短柔毛，花序轴长约1.5cm，被毛，苞片盾形或圆形；总花梗长6～12mm；雌花花被片外面被柔毛，先端2～3裂，长圆形，雄蕊1，花丝纤细，花药球形。聚花果球形，直径约4cm，黄色，干时红褐色，被毛，表面着生很多弯曲、圆柱形长达5mm的圆形突起；总梗长18～25mm，被柔毛；核果球形。花期在秋初，果期在秋末冬初。

【地理分布】海南乐东：利国镇白石岭、尖峰岭；东方：感城镇附近；昌江：霸王岭雅加古山、七叉镇金鼓岭；五指山（市）：南圣镇同甲村；陵水：吊罗山；万宁：南林乡深堀队附近、兴隆镇森林公园；琼中：太平乡太平岭。生于中海拔山谷中。

【营养成分】二色波罗蜜果实成熟后可食用，味酸。波罗蜜属中可食用水果较多，包括波罗蜜、面包树、白桂木等，其中波罗蜜是热带地区常见水果，也是世界上最重的水果，二色波罗蜜的果实远远小于波罗蜜。其营养价值可参考同属植物的果实，营养物质丰富，含糖类、粗蛋白、脂肪、膳食纤维、维生素C、维生素E、维生素B及Ca、Fe、P等矿物质元素。

【其他价值】药用价值 根入药，具有祛风除湿、舒筋活血的功效。生物

活性多样，药用价值丰富。根的提取物中含有对羟基苯甲酸、丁香酸、丁香脂素、东莨菪内酯等多种化合物，其中某些酚性成分具有抑制中性粒细胞呼吸爆发活性；其茎中含有熊果酸、齐墩果酸、木犀草素、胡萝卜苷等多种化合物；其叶中含有挥发油，主要成分为植酮、香叶基丙酮、柏木脑、壬醛、芳樟醇等多种化合物，生物活性多样，药用价值高。

59. 胭脂

【拉丁学名】 *Artocarpus tonkinensis* A. Chev.

【形态特征】 乔木，高达14～16m；树皮褐色，粗糙；小枝淡红褐色，常被平伏短柔毛，毛通常平贴或卷曲。叶革质，椭圆形，倒卵形或长圆形，长8～20cm或更长，宽4～10cm，先端具短尖，基部楔形至圆形，全缘，有时先端有浅锯齿，表面无毛，背面密被微柔毛沿叶脉被微曲的短柔毛，侧脉6～9对，背面主脉及侧脉明显，干后紫红色，网脉浅褐色；叶柄长4～10mm，微被柔毛；托叶锥形，脱落后有疤痕。花序单生叶腋，雄花序倒卵圆形或椭圆形，长1～1.5cm，直径0.8～1.5cm，总花梗短于花序；雄花花被2～3裂，边缘具纤毛，雄蕊1枚，花药椭圆形，苞片有柄，顶部盾状；雌花序球形，花柱伸出于盾形苞片外，花被片完全融合。聚花果近球形，直径达6.5cm，成熟时黄色，干后红褐色，果柄长3～4cm；核果椭圆形，长12～15mm，直径9～12mm。花期夏秋，果秋冬季。

【地理分布】 海南三亚：甘什岭；乐东：利国镇白石岭；东方：感城镇附近；保亭：三道番；万宁：牛角岭、南桥镇长命田村一带、兴隆镇香付村附近；琼中：乘坡镇附近、黎母山、红毛镇一带；儋州：南丰镇纱帽岭、兰洋镇莲花峰；澄迈：加乐镇产坡村加贺园、昆仑农场；临高。生于低至中海拔山地或丘陵。

【营养成分】 成熟果实近圆形，果实味甜可食，果肉鲜红似胭脂。民间常将胭脂与桂木果实都当做胭脂食用，胭脂果实的营养成分暂时无人研究。

【其他价值】（1）**药用价值** 据报道，胭脂树皮中含氧化白藜芦醇、黄酮类化合物、儿茶素和三萜类化合物以及苯并呋喃类化合物，某些黄酮苷和苯并呋喃类化合物具有抗炎作用。（2）**经济价值** 胭脂树材质坚硬、纹理细致，可做建筑用材或家具等原料用材。其果肉鲜红，可提取天然色素；其适应性、抗污和固沙能力较强，对生态环境具有稳定的适生性，可作为优良的绿化树种。

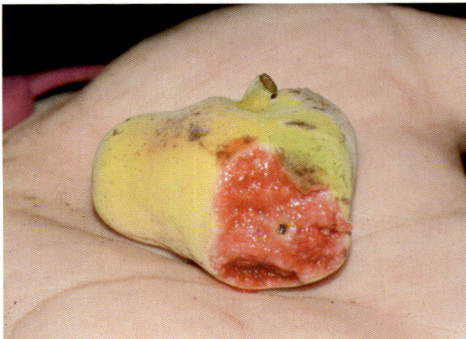

榕属（*Ficus*）

60. 大果榕

【拉丁学名】*Ficus auriculata* Lour.

【形态特征】乔木，高4～10m，榕冠广展。树皮灰褐色，粗糙，幼枝被柔毛，红褐色，中空。叶互生，厚纸质，广卵状心形，长15～55cm，宽15～27cm，先端钝，具短尖，基部心形，稀圆形，边缘具整齐细锯齿，表面无毛，仅于中脉及侧脉有微柔毛，背面多被开展短柔毛，基生侧脉5～7条，侧脉每边3～4条，表面微下凹或平坦，背面突起；叶柄长5～8cm，粗壮，托叶三角状卵形，长1.52cm左右，紫红色，外面被短柔毛。榕果簇生于树干基部或老茎短枝上，大，呈梨形或扁球形至陀螺形，直径3～5cm，具明显的纵棱8～12条，幼时被白色短柔毛，成熟脱落，红褐色，顶生苞片宽三角状卵形，4～5轮覆瓦状排列而成莲座状，基生苞片3枚，卵状三角形；总梗长4～6cm，粗壮，被柔毛；雄花，无柄，花被片3，匙形，薄膜质，透明，雄蕊2，花药卵形，花丝长；瘿花花被片下部合生，上部3裂，微覆盖子房，花

柱侧生，被毛，柱头膨大；雌花，生于另一植株榕果内，有或无柄，花被片3裂，子房卵圆形，花柱侧生，被毛，较瘿花花柱长。瘦果有黏液。花期为8月至翌年3月，果期为5—8月。

【地理分布】海南乐东：抱由镇抱解村；东方：天安镇乡雅隆村"小桂林"、江边乡白查村；昌江：霸王岭、王下乡；白沙：白沙镇向民蝙蝠洞；保亭：七指岭；陵水：水满峒公馆村；万宁：兴隆镇农场、兴隆镇深井村；儋州：兰洋镇莲花山；琼中：红毛镇一带；澄迈：加乐镇石东乡水口坡；定安：母瑞山；琼海：白石岭。生于低山沟谷潮湿雨林中。

【营养成分】大果榕的果实成熟时清香微甜，可食用。其果实中水分占总量近一半，含有总蛋白、碳水化合物、膳食纤维、粗脂肪、有机质、维生素C及矿物质元素等多种人体所需的营养成分，其中矿物质元素主要有Ca、K、Mg、P等；但与苹果、芒果栽培水果相比，其脂肪、蛋白质、膳食纤维和矿物质元素含量较低。

【其他价值】（1）药用价值　大果榕的果实具有祛风宣肺、补肾益精的功效，发现其具有很强的抗氧化作用。此外，还有抗炎、抗糖尿病和保肝作用，同时还具有很强的抑菌活性。（2）观赏价值　大果榕树形优美，结果量大而密集，观赏性高，可在热带地区作为园林植物栽培种植。

61. 黄毛榕

【拉丁学名】*Ficus esquiroliana* H. Lév.

【形态特征】小乔木或灌木，高约4～10m，树皮灰褐色，具纵棱；幼枝中空，被褐黄色硬长毛。叶互生，纸质，广卵形，长17～27cm，宽12～20cm，急渐尖，具长约1cm尖尾，基部浅心形，正面疏生糙伏状长毛，背面被长约3mm褐黄色波状长毛，以中脉和侧脉稠密，余均密被黄色和灰白色绵毛，基生侧脉每边3条，侧脉每边5～6条，分裂或不分裂，边缘有细锯齿，齿端被长毛；叶柄长5～11cm，细长，疏生长硬毛；托叶披针形，长约1～1.5cm，早落。榕果腋生，圆锥状椭圆形，直径20～25mm，表面疏被或密生浅褐长毛，顶部脐状突起，基生苞片卵状披针形，长8mm；雄花生榕果内壁口部，具柄，花被片4，顶端全缘，雄蕊2枚。瘿花花被与雄花同，子房球形，光滑，花柱侧生，短，柱头漏斗形，雌花花被4。瘦果斜卵圆形，表面有瘤体。花期为5—7月，果期为7月。

【地理分布】海南乐东：利国镇白石岭、尖峰岭。东方：昌俄岭；昌江：霸王岭至王下乡路上；白沙：元门乡附近；五指山（市）：同甲村往南圣镇；保亭：南林乡一带、毛感乡。万宁：兴隆镇南旺铜铁岭、南林乡农场；琼中：吊罗山乡大从村；儋州：那大大星场、和庆镇美万村；琼海：东太农场南开岭。生于次生林中。

【营养成分】果实成熟时可食用，与同属其他种类相比，其果实较大；果皮棕色，水分含量丰富。其果实的营养成分目前研究较少，仅有刘旭辉等人从其果实中提取得到过多糖成分，但是同属植物中许多种类可食用，如无花果、大果榕，榕树果等，它们的果实中含有丰富的蛋白质、糖类、脂肪、膳食纤维、维生素C及矿物质元素等多种人体所需的营养成分。

【其他价值】（1）药用价值　据《新华本草纲要》记载，黄毛榕的根皮可入药，其味甘、性平，有健脾益气，活血祛风的功效。（2）观赏价值　黄毛榕树姿优美，植株被黄色茸毛，观赏性高，可作为园景树，植于庭荫树溪、水池边及庭院中。

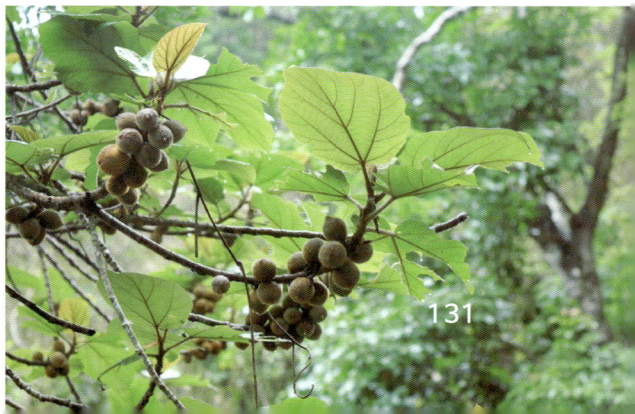

62. 对叶榕

【拉丁学名】*Ficus hispida* L. f.

【形态特征】灌木或小乔木。被糙毛，叶通常对生，厚纸质，卵状长椭圆形或倒卵状矩圆形，长10～25cm，宽5～10cm，全缘或有钝齿，顶端急尖或短尖，基部圆形或近楔形，表面粗糙，被短粗毛，背面被灰色粗糙毛，侧脉6～9对；叶柄长1～4cm，被短粗毛；托叶2，卵状披针形，生无叶的果枝上，常4枚交互对生，榕果腋生或生于落叶枝上，或老茎发出的下垂枝上，陀螺形，成熟黄色，直径1.5～2.5cm，散生侧生苞片和粗毛，雄花生于其内壁口部，多数，花被片3，薄膜状，雄蕊1；瘿花无花被，花柱近顶生，粗短；雌花无花被，柱头侧生，被毛。花果期为6—7月。

【地理分布】海南三亚：甘什岭、荔枝沟镇落笔洞；乐东：鹦哥岭、尖峰岭；昌江：霸王岭、佳切山及附近；白沙：牙叉镇；五指山（市）：南圣镇同甲村、南圣镇毛祥村、通什河边；保亭：七指岭；万宁：南桥镇铜铁

岭、青皮林茄新村；琼中：和镇平长沙村附近；儋州：那大那亚村、兰洋镇观音洞；澄迈：昆仑农场；海口：琼州城及附近。生于低海拔山谷、疏林中。

【营养成分】成熟果实可食用。本种果实中的营养成分目前研究较少，但是同属植物中许多种类可食用，如无花果、大果榕等，它们的果实中均含有粗蛋白、糖类、膳食纤维、维生素C及矿物质元素等多种人体所需的营养成分，但是对叶榕果实中的单宁成分较高，口感可能不及上述榕果，可食性稍差。

【其他价值】（1）药用价值　对叶榕的根茎为壮族、傣族地区群众常用传统民族药，其性甘，味苦凉，有疏风清热、消积化痰、健脾除湿、行气散瘀等功效。现代药理研究发现对叶榕具有多种活性，包括抗氧化、抗炎及抗菌等，药用价值较高。（2）观赏价值　对叶榕的叶常绿，果实一般成串密集生于老茎上，对生长环境要求较低，可作为热带亚热带地区观叶、观果的绿化树种。

63. 青果榕

【拉丁学名】*Ficus variegata* Blume

【形态特征】乔木，高7～10m，树皮灰褐色，平滑，胸径10～15cm，幼枝绿色，微被柔毛。叶互生，厚纸质，广卵形至卵状椭圆形，长10～17cm，顶端渐尖或钝，基部圆形至浅心形，边缘波状或具浅疏锯齿；幼叶背面被柔毛，基生叶脉5条，近基部的2条细小，侧脉4～6对；叶柄长

2.5 ～ 6cm，托叶卵状披针形，无毛，长 1 ～ 1.5cm。榕果簇生于老茎发出的瘤状短枝上，球形，直径2.5 ～ 3cm，顶部微压扁，顶生苞片卵圆形，脐状微凸起，基生苞片3，早落，残存环状疤痕，成熟榕果红色，有绿色条纹和斑点；总梗长2 ～ 4cm；雄花生榕果内壁口部，花被片3 ～ 4，宽卵形，雄蕊2，花丝基部合生成一柄；瘿花生内壁近口部，花被合生，管状，顶端4 ～ 5齿裂，包围子房，花柱侧生，短，柱头漏斗形；雌花生于雌植株榕果内壁，花被片3 ～ 4，条状披针形，薄膜质，基部合生。瘦果倒卵形，薄被瘤体，花柱与瘦果等长，柱头棒状，无毛。花期在冬季。

【地理分布】三亚：南山岭；乐东：尖峰岭；东方：天安乡雅隆村"小桂林"、大公岭；昌江：霸王岭、王下乡至南浪村、乌烈林场；保亭：七指岭；陵水：吊罗山白水岭；万宁：兴隆镇森林公园；儋州：和庆镇美万村。生于低海拔至中海拔丘陵或山地疏林中。

【营养成分】果实成熟后可食用，榕属植物果实中的营养成分基本相似，有机营养物质以糖类为主，其次是蛋白质，但膳食纤维和灰分等有机营养物质的比例不同，矿物质元素如Ca的比例也不同。青果榕果实中含有蛋白质、氨基酸、膳食纤维、矿物质元素等营养物质，还有大量的不饱和脂肪酸，特别是油酸、亚油酸。

【其他价值】（1）药用价值 有研究报道，青果榕其花、叶、树皮和果实中的次生代谢产物主要是生物碱、皂苷和黄酮类化合物，具有抗菌和抗氧化的生物活性。果实提取物对埃及斑潜蝇幼虫有很强的杀灭作用，有很大的进一步被利用的潜力。（2）观赏价值 其果子全长在树干上，幼果时是青色的，成熟后变成黄红色，一簇簇、一团团挂满树干，极具观赏性，可作行道树或庭园观赏树。（3）其他价值 青果榕具有繁殖栽培容易、生长迅速、萌生力强、胶质好、胶被厚硕连片等优良性状，是紫胶虫优良寄主树。

柘属（*Maclura*）

64. 构棘

【拉丁学名】*Maclura cochinchinensis* (Lour.) Corner

【形态特征】直立或攀缘状灌木。枝无毛，具粗壮弯曲无叶的腋生刺，刺长约1cm。叶革质，椭圆状披针形或长圆形，长3～8cm，宽2～2.5cm，全缘，先端钝或短渐尖，基部楔形，两面无毛，侧脉7～10对；叶柄长约1cm。花雌雄异株，雌雄花序均为具苞片的球形头状花序，每花具2～4个苞片，苞片锥形，内面具2个黄色腺体，苞片常附着于花被片上；雄花序直径约6～10mm，花被片4，不相等，雄蕊4，花药短，在芽时直立，退化雌蕊为锥形或盾形；雌花序微被毛，花被片顶部厚，分离或大部分合生，基有2黄色像体。聚合果肉质，直径2～5cm，表面微被毛，成熟时橙红色，核果卵圆形，成熟时褐色，光滑。花期为4—5月，果期为6—7月。

【地理分布】三亚：育才镇附近；东方：东河镇南浪村九龙山；昌江：霸王岭；白沙：元门乡附近；五指山（市）：五指山；保亭：南林乡一带、七指岭；万宁：兴隆镇附近、新梅乡乌石村；琼中：红毛镇一带山地；儋州：兰洋镇莲花山；澄迈：颜春岭、昆仑农场；定安：龙塘区；海口：城区附近。生于低海拔至中海拔山谷、旷野中。

【营养成分】成熟果实可食用，构棘果成熟之后，种子多，果肉比较软嫩，味道清甜。目前，构棘的研究主要集中在其药理作用及生物化学活性方面，其根及茎中含有多糖，但未见关于构棘果实营养成分研究的报道。近源植物中所含的物质往往有相似之处，构棘果实的营养物质有待进一步研究，但民间认为多吃会导致头晕、呕吐等中毒症状，食用时应多加注意。

【其他价值】（1）药用价值　构棘的根作为穿破石入药，具有调气、利水、消食、止咳化痰、祛风利湿、散瘀止痛之功效。（2）观赏价值　构棘也是很好的蜜源植物和绿篱植物，其花繁、果美，亦可作观赏植物在公园和城市园林中栽种。（3）经济价值　木材煮汁可作染料，是天然的色素来源，可用于工业织染。

鹊肾树属（*Streblus*）

65. 鹊肾树

【拉丁学名】*Streblus asper* Lour.

【形态特征】乔木或灌木。树皮深灰色，粗糙；小枝被短硬毛，幼时皮孔明显。叶革质，椭圆状倒卵形或椭圆形，长2.5～6cm，宽2～3.5cm，先端钝或短渐尖，全缘或具不规钝锯齿，基部钝或近耳状，两面粗糙，侧脉4～7对；叶柄短或近无柄；托叶小，早落。花雌雄异株或同株；雄花序头状，单生或成对腋生，有时在雄花序上生有雌花1朵，总花梗长8～10mm，表面被细柔毛；苞片长椭圆形；雄花近无梗，花丝在花芽状态时内折，退化雌蕊圆锥状至柱形，顶部有瘤状凸体；雌花具梗，下部有小苞片，顶部有2～3个苞片，花被片4，交互对生，被微柔毛；子房球形，花柱在中部以上分枝，果时增长6～12mm。核果近球形，直径约6mm，成熟时黄色，不开裂，基部一侧不为肉质，宿存花被片包围核果。花期为2—4月，果期为5—6月。

【地理分布】海南三亚：甘什岭；乐东：尖峰岭；东方：中沙乡；昌江：霸王岭乌烈林场、新街；陵水：椰林公社城；万宁：兴隆镇森林公园、青皮林博房岭、铜铁岭；琼中：红毛镇附近、营根镇；儋州：那大联昌胶园；澄迈：加乐镇产坡村、昆仑农场。琼海：中原镇；文昌：翁田镇龙马乡养才村；海口：新海林场、盐灶村、那大大垦场。生于旷野灌丛或疏林。

【营养成分】成熟的果实可以食用，果实的含水量超过50%，还含有碳水化合物、总糖、蛋白质及矿物质元素等多种营养物质。其含糖量高于苹果、菠萝和梨等栽培水果；Fe、Mn、Cu和Zn等矿物质元素含量方面与苹果、芒果、香蕉和番石榴等常食用水果相当。

【其他价值】（1）药用价值　研究表明，鹊肾树的不同部位分别有强心、抗癌、抗菌、抗过敏和抗疟等功效，其中根皮中含20种强心苷，可作为强心苷的丰富来源。（2）经济价值　其提取物具有杀虫活性，在农业上可用作杀虫剂；亦可作为饲草，为家畜提供食物来源；此外，鹊肾树可以从水溶液中除去铅，可作为生物吸附剂吸附铅；又因其形态结构极具抗旱特质，其抗旱性强，也可作为潜在的抗旱植物于园林中应用。

二十二、壳斗科（Fagaceae）

锥属（*Castanopsis*）

66.红锥

【拉丁学名】*Castanopsis hystrix* Hook. f. & Thomson ex A. DC.

【形态特征】乔木，高达25m，胸径1.5m，当年生枝紫褐色，纤细，与叶柄及花序轴相同，均被或疏或密的微柔毛及黄棕色细片状蜡鳞，二年生枝暗褐黑色，无或几无毛及蜡鳞，密生几与小枝同色的皮孔。叶纸质或薄革质，披针形，有时兼有倒卵状椭圆形，长4～9cm，宽1.5～4cm，稀较小或更大，顶部短至长尖，基部甚短尖至近于圆，一侧略短且稍偏斜，全缘或有少数浅裂齿，中脉在叶面凹陷，侧脉每边9～15条，甚纤细，支脉通常不显，嫩叶背面至少沿中脉被脱落性的短柔毛兼有颇松散而厚、或较紧实而薄的红棕色或棕黄色细片状蜡鳞层；叶柄长很少达1cm。雄花序为圆锥花序或穗状花序；雌穗状花序单穗位于雄花序之上部叶腋间，花柱3或2枚，斜展，长1～1.5mm，通常被甚稀少的微柔毛，柱头位于花柱的顶端，增宽而平展，干后中央微凹陷。果序长达15cm；壳斗有坚果1个，连刺径25～40mm，稀较小或更大，整齐的4瓣开裂，刺长6～10mm，数条在基部合生成刺束，间有单生，将壳壁完全遮蔽，被稀疏微柔毛；坚果宽圆锥形，高10～15mm，横径8～13mm，无毛，果脐位于坚果底部。花期4～6月，果翌年8～11月成熟。

【地理分布】海南乐东：尖峰岭；昌江：霸王岭；白沙：鹦哥岭、马或岭及元门乡附近；琼中：黎母山。生于山地林中。

【营养成分】红锥的种仁属优质干果，营养丰富，淀粉含量高，被人体吸收利用率可高达95%以上。红锥果实还含有人体所需的氨基酸，以及胡萝卜素、维生素B_1、维生素B_2、维生素C等维生素以及Ca、P、Fe等人体所需矿物质元素，营养价值高于面粉、大米和薯类。红锥果实可炒食或清炖，也可磨粉制作糕点、代乳粉，还可加工成罐头、糕点等副食品。

【其他价值】经济价值　红锥的盛果期长达50～80年，可作为一种高产的木本粮食植物。其木材坚硬耐腐，心材大，褐红色，边材淡红色，色泽纹理美观，少变形，干燥后开裂小，属高质量材种，切面光滑，色泽红润美观，胶黏和油漆性能良好，是高级家具、造船、车辆、工艺雕刻、建筑装修等优质用材；枝桠、边皮、碎材、刨花等是人造纤维、纸浆、纤维板、刨花板等的好材料，也是培养食用菌的优质原料。红锥林的凋落物量大，具有很好的改良土壤和涵养水源的作用，是优良的水源林、风景林树种，与其他树种营建混交林，具有很高的生态效益，对改善生态环境具有十分重要的现实意义。

140

67. 印度锥

【拉丁学名】*Castanopsis indica* (Roxb.) Miq.

【形态特征】乔木，高8～25m，树皮暗灰黑色，厚，纵裂，当年生枝、叶柄、叶背及花序轴均被黄棕色短柔毛，二年生枝散生较明显的皮孔。叶厚纸质，卵状椭圆形，椭圆形或有时兼有倒卵状椭圆形，长9～20cm，宽4～10cm，顶部短尖或渐尖，基部阔楔形或近于圆，一侧略短且稍偏斜，叶缘常自下半部起有锯齿状锐齿，中脉两侧的叶肉部分在叶面微凹陷，叶背面沿中脉、侧及支脉均被短柔毛，侧脉每边15～25条，直达齿端；叶柄长5～10mm。雄花序多为圆锥花序，雄蕊10～12枚；雌花序长达40cm，花柱3枚，长约1mm。果序长10～27cm，成熟壳斗密集，每壳斗有1偶有2坚果，壳斗圆球形，连刺径35～40 mm或稍较大，整齐的4瓣开裂，刺浑圆而劲直，在下部合生成刺束，壳壁为密刺完全遮蔽；坚果阔圆锥形，高与宽几相等或高有时稍超于宽，横径10～14mm，密被毛，果脐约占坚果面积的1/4。花期为3—5月，果次年9—11月成熟。

【地理分布】海南乐东：利国镇白石岭、尖峰岭；白沙：元门乡红茂村；五指山（市）：山水满附近、毛阳镇青介村；保亭：七指岭山脚、毛感乡千龙洞、通什镇毛岸乡番奋村、南林镇贵开山；万宁：兴隆镇森林公园、兴隆镇深井岭。生于山地林中。

【营养成分】在我国野生果树种类排名中，壳斗科果树的种类居第4位，资源相当丰富；印度锥果实为坚果，其种仁可生食或煮熟后可食用。目前尚无营养成分的研究报道，仅民间有群众自行采摘食用，但是据其他研究报道，锥属植物的坚果富含淀粉，其含量高于20%。除生食或炒熟食用外，也可供酿酒及做糕点、粉丝、豆腐等原料。

【其他价值】经济价值　印度锥木材暗黄棕色，无宽木射线，心边材区别不明显，材质略坚重，纹理通直、密致，干后不易爆裂，是建筑及家具良材；其树形优美，雄花序直立密集、花期较长；其适应当地生态环境，凋落物量大，同时易与多种树种混交，具有很好的改良土壤和涵养水源的作用，是优良的水源林、风景林树种。印度锥的药用价值有待开发。锥属植物的树皮、壳斗含有单宁，含量约30%，为优质栲胶原料。壳斗提制栲胶后的残渣可以生产糠醛、活性炭、醋酸钠、胡敏酸等多种产品；栓皮为不良导体，隔热、隔音、不透气，不易与化学药品起作用，质轻软有弹性，是制造绝缘器具、冷藏库、软木砖、隔音板、救生器具填充体等不可缺少的重要的工业原料；锥属木材是优良香菇菌材，栲类林下也能生长多种食用菌，印度锥的工业及其他经济价值亦可进一步开发。

68.秀丽锥

【拉丁学名】*Castanopsis jucunda* Hance

【形态特征】乔木，高达26m。树皮灰黑色，块状脱落，当年生枝及新叶叶面干后黑褐色，芽鳞、嫩枝、嫩叶叶柄、叶背及花序轴均被早脱落的红棕色略松散的蜡鳞，枝、叶均无毛。叶纸质或近革质，卵形，常兼有倒卵形或倒卵状椭圆形，长10～18cm，宽4～8cm，顶部短或渐尖，基部近于圆或阔楔形，常一侧略短且偏斜，或两侧对称，叶缘至少在中部以上有锯齿状、很少波浪状裂齿，裂齿通常向内弯钩，中脉在叶面凹陷，侧脉每边8～11条，直达齿尖，支脉甚纤细；叶柄长1～2.5cm。雄花序穗状或圆锥花序，花序轴无毛，花被裂片内面被短卷毛；雄蕊通常10枚；雌花序单穗腋生，各花部无毛，花柱3或2枚，长不超过1mm。果序长达15cm，果序轴较其着生的小枝纤细；壳斗近圆球形，连刺径25～30mm，基部无柄，3～5瓣裂，刺长6～10mm，多条在基部合生成束，有时又横向连生成不连续刺环，刺及壳斗外壁被灰棕色片状蜡鳞及微柔毛，幼嫩时最明显；坚果阔圆锥形，高11～15mm，横径10～13mm，无毛或几无毛，果脐位于坚果底部。花期为4—5月，果次年9—10月成熟。

【地理分布】海南三亚：甘什岭；乐东：利国镇抱趣村、尖峰岭、南崖林场；昌江：霸王岭王下石灰山；保亭及琼海有分布记录。生于疏林中。

【营养成分】在我国野生果树种类排名中，壳斗科果树的种类数居第4位，资源相当丰富；秀丽锥果实为坚果，其种仁可生食或煮熟后可食用。目前尚无营养成分的研究报道，仅民间有群众自行采摘食用。

【其他价值】经济价值　秀丽锥木材淡棕黄色，纹理直，密致，材质中等硬度，韧性较强，干后少爆裂，颇耐腐；其树形优美，其雄花序直立密集、且花期较长；其长期适应当地生态环境，凋落物量大，同时易与多种树种混交，具有很好的改良土壤和涵养水源的作用，是优良的水源林、风景林树种。

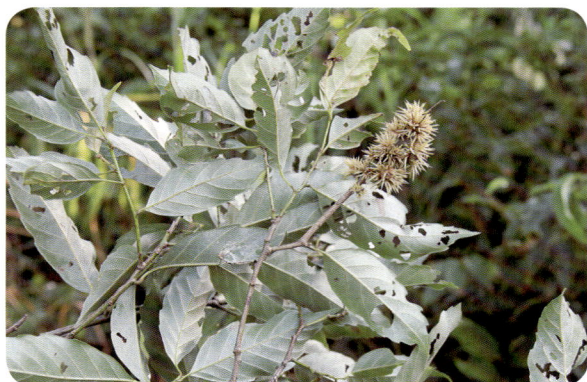

69. 文昌锥

【拉丁学名】*Castanopsis wenchangensis* G. A. Fu & C. C. Huang

【形态特征】乔木，高5～8m，胸径15～20cm，顶芽近圆球形，枝、叶、芽鳞及花序轴均无毛，当年生枝及壳斗干后黑褐色，小枝有微凸起的小皮孔。叶革质，新生嫩叶叶背有紧贴的与叶背同色、稀薄的蜡鳞层，成长叶两面同色，披针形或卵形，通常长5～9cm，宽2～3.5cm，较大的长12cm，宽6cm，较小的长约3cm，宽1.2cm，顶部渐尖，稀短尖，基部近于圆或急尖，边缘有浅或深的锯齿状锐齿，齿尖有小硬体，齿端稍向内弯，中脉至少下半段及侧脉在叶面均凸起，很少兼有中脉微凹陷的叶（多属二年生叶），侧脉每边6～10条，直达齿端，支脉不显或甚纤细；叶柄长1～2cm。花序轴无毛，雌花序长3～8cm，花柱3～2枚，长达1.5mm，花柱下半段被早脱落的短柔毛。果序长4～5cm，果序轴横切面径1～1.5mm，有成熟壳斗1～6个，壳斗近圆球形，全包坚果，径15～20mm，基部突然狭窄而稍延长呈短柄状，不等大的4或3瓣开裂，被稀疏微柔毛及细片状蜡鳞，近基部无或几无刺，刺疏生，或少数在基部合生成刺束，长2～4mm；坚果近圆球形，顶部锥尖且稍长及被微柔毛，径13～14mm，果脐位于底部。花期为7—8月，果次年10—12月成熟。

【地理分布】海南屯昌：枫木镇；文昌：岛东林场、昌洒镇。生于阔叶常绿林中。

【营养成分】在我国野生果树种类排名中，壳斗科果树的种类居第4位，资源相当丰富；文昌锥果实为坚果，其种仁可生食或煮熟后食用。目前尚无文昌锥营养成分的研究报道，仅海南群众有采摘食用。

【其他价值】观赏价值 文昌锥树形优美，其雄花序直立密集、且花期较长；其长期适应当地生态环境，凋落物量大，同时易与多种树种混交，具有很好的改良土壤和涵养水源的作用，是优良的水源林、风景林树种。

柯属（*Lithocarpus*）

70. 烟斗柯

【拉丁学名】*Lithocarpus corneus* (Lour.) Rehder

【形态特征】乔木，高通常在15m以内，小枝淡黄灰色，散生微凸起的皮孔；托叶披针形或线形，较迟脱落。叶常聚生于枝顶部，纸质或革质，椭圆形、倒卵状长椭圆形或卵形，长4～20cm，宽1.5～7cm，顶部渐尖或短突尖，基部楔形至近于圆，对称或一侧略短，叶缘有裂齿或浅波浪状，两面同色，叶背被雨点状、无色、半透明、甚细小的鳞腺，侧脉每边9～20条，直达齿端，支脉彼此近于平行；叶柄长0.5～4cm。雌花通常着生于雄花序轴的下段；每3朵一簇，也常有单朵散生，花柱斜展，长约2mm。壳斗碗状或半圆形，高22～45mm，宽25～55mm，少有较少，则果序较长且有成熟壳斗多达16个，包着坚果约一半至大部分，小苞片三角形或斜四边菱形，中央及两侧边缘脊肋状增厚且略隆起，形成规则的网纹，壳壁中部以下甚增厚，木质；坚果半圆形或宽陀螺形，顶部圆，平坦或中央略凹陷，很少无毛，果壁近角质，比壳壁厚，很少等厚，果脐占坚果面积一半至大部分，其上部的边缘檐状，子叶饱满，4～8浅裂。花期几乎全年，盛花期为5—7月，果次年约同期成熟。

【地理分布】海南三亚：甘什岭；东方：东河镇南浪村九龙山；昌江：霸王岭；白沙：阜龙乡一带、南开乡莫南村、高峰乡、牙叉镇；五指山（市）：同甲村；保亭：保亭公社附近；陵水：吊罗山新安村南；万宁：兴隆镇森林公园、兴隆镇古镇一带；琼中：红毛镇、湾岭镇大墩村；儋州：巢山附近；屯昌：琼凯岭；琼海：南太农场、中原镇；文昌：文教镇宝藏乡宝平村。生于溪边、山坡或疏林。

【营养成分】在我国野生果树种类排名中，壳斗科果树的种类居第4位，资源相当丰富；烟斗柯果实为坚果，其种仁煮熟后可食用，富含淀粉及油性成分，主要成分有棕榈酸、油酸、亚油酸等。柯属种子的淀粉在壳斗科中含量最高，可达60%～80%；与其他属相比，柯属植物种子的淀粉还有产量大、原料易收集、单宁含量低等优点。

【其他价值】(1) 药用价值　烟斗柯叶和树枝中分离得到的三萜类化合物具抗炎和抗HIV活性。其他柯属的植物不少种具有药用价值。因此烟斗柯的药用价值值得关注 (2) 观赏价值　其雄花序直立密集、且花期较长，果实硕大，形似烟斗，适合作为园林绿化树种。（3）经济价值　烟斗柯树质稍坚实，但不耐腐，因此多用来制作农具；其果实中油性成分可作为肥皂、油漆用油。

二十三、杨梅科（Myricaceae）

杨梅属（*Myrica*）

71.青杨梅

【拉丁学名】*Myrica adenophora* Hance

【形态特征】常绿灌木，高1～3m。小枝细瘦，密被毡毛及金黄色腺体。叶薄革质，叶柄长2～10mm，密生毡毛，叶片椭圆状倒卵形至短楔状倒卵形，长2～7cm，宽5～30mm，顶端急尖或钝，中部以上常具少数粗大的尖或钝的锯齿，基部楔形，幼嫩时上面密被金黄色腺体，后来脱落而在叶表面留下凹点，背面密被不易脱落的腺体，正背两面仅中脉上有短柔毛。雌雄异株。雄花序单生于叶腋，向上倾斜，长1～2cm，由于下端分枝极缩短而不显著，因而呈单一穗状花序；分枝基部具1～5枚不孕性苞片，基部以上具1～4雄花。雄花无小苞片，具3～6枚雄蕊。雌花序单生于叶腋，直立或向上倾斜，长1～1.5cm，单一穗状或在基部具不显著分枝；分枝极短，具2～4枚不孕性苞片及1～3雌花。雌花常具2小苞片，子房近无。

【地理分布】海南万宁：兴隆镇森林公园、铜铁岭；儋州：那大郊区、莲花山；澄迈：加乐镇产坡村黄树岭、昆仑农场。定安：金鸡岭；琼海：东太农场；文昌：昌洒。保亭及陵水均有分布。生于山坡疏林中或沿河谷处。

【营养成分】青杨梅果实成熟后可食用，味甜酸，民间亦当做杨梅果食用。目前未见有关于其果实中所含营养成分的研究报道，但杨梅的果实中除含有糖、有机酸外；还含有丰富的维生素、矿物质及氨基酸等营养成分以及K、Ca、Fe、Cu、Mg、Zn等人体必需微量元素，营养价值高。

【其他价值】药用价值　研究表明杨梅酮、杨梅醇、杨梅苷和槲皮苷是其根提取物的主要成分，具有较强的抗氧化和抗炎活性；此外，杨梅属植物中常含有二芳基庚烷类化合物、黄酮类化合物、三萜类化合物、单宁类化合物、单萜类化合物和苯类化合物，有一定的药用价值。

147

72.杨梅

【拉丁学名】*Myrica rubra* (Lour.) Siebold & Zucc.

【形态特征】常绿乔木，高可达15m以上，胸径达60余cm；树皮灰色，老时纵向浅裂；树冠圆球形。小枝及芽无毛，皮孔通常少而不显著，幼嫩时仅被圆形而盾状着生的腺体。叶革质，无毛，生存至2年脱落，常密集于小枝上端部分；多生于萌发条上者为长椭圆状或楔状披针形，长达16cm以上，顶端渐尖或急尖，边缘中部以上具稀疏的锐锯齿，中部以下常为全缘，基部楔形；生于孕性枝上者为楔状倒卵形或长椭圆状倒卵形，长5～14cm，宽1～4cm，顶端圆钝或具短尖至急尖，基部楔形，全缘或偶有在中部以上具少数锐锯齿，上面深绿色，有光泽，下面浅绿色，无毛，仅被有稀疏的金黄色腺体，干燥后中脉及侧脉在上下两面均显著，在下面更为隆起；叶柄长2～10mm。花雌雄异株。雄花序单独或数条丛生于叶腋，圆柱状，长1～3cm，通常不分枝呈单穗状，稀在基部有不显著的极短分枝现象，基部的苞片不孕，孕性苞片近圆形，全缘，背面无毛，仅被有腺体，长约1mm，每苞片腋内生1雄花。雄花具2～4枚卵形小苞片及4～6枚雄蕊；花药椭圆形，暗红色，无毛。雌花序常单生于叶腋，较雄花序短而细瘦，长5～15mm，苞片和雄花的苞片相似，密接而成覆瓦状排列，每苞片腋内生1雌花。雌花通常具4枚卵形小苞片；子房卵形，极小，无毛，顶端具极短的花柱及2鲜红色的细长的柱头，其内侧为具乳头状凸起的柱头面。每一雌花序仅上端1（稀2）雌花能发育成果实。核果球状，外表面具乳头状凸起，径1～1.5cm，栽培品种为3cm左右，外果皮肉质，多汁液及树脂，味酸甜，成熟时深红色或紫红色；核常为阔椭圆形或圆卵形，略成压扁状，长1～1.5cm，宽1～1.2cm，内果皮极硬，木质。4月开花，6—7月果实成熟。

【地理分布】海南有野生及栽培记录。

【营养成分】杨梅果实成熟时鲜食，风味独特，甜酸适口，而且具有很高的营养保健价值，其果实中除含有丰富的糖类、果酸、柠檬酸、苹果酸、草酸、蛋白质、脂肪外，还含有丰富的维生素、矿物质及氨基酸等营养成分；此外还含有丰富的花色素和类黄酮成分，具有较强的抗氧化和抗衰老的作用。其果实中至少含有18种氨基酸，其中有7种人体必需氨基酸。维生素C是新鲜果实营养的重要部分，杨梅果中维生素C含量较高；果实中的K、Ca、Fe、Cu、Mg、Zn、P、Mn等矿物质元素的含量都比较丰富。杨梅果实还可加工成果汁、罐头、蜜饯、果酒等不同形式的食品食用。

【其他价值】（1）药用价值 《本草纲目》中记载：杨梅"止渴，和五脏，能涤肠胃，除烦溃恶气"。近代生物学和医学进一步证明，杨梅具有抗菌，防

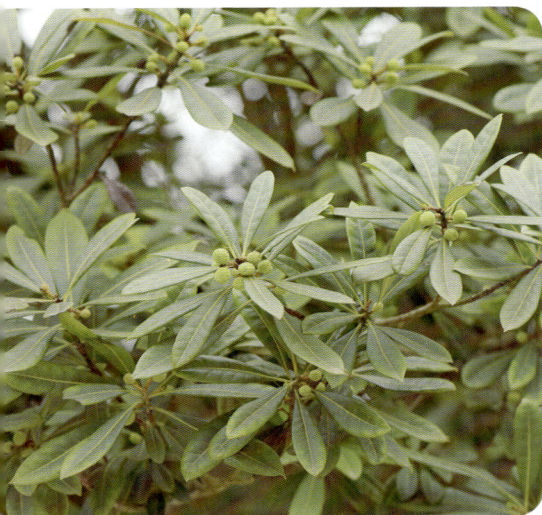

止便秘、食欲不振等功效。其植物体内所含的杨梅多酚对血细胞和造血组织损伤具有保护作用。(2) 观赏价值　叶含芳香油有香气，并且枝叶浓密，树冠整齐、圆满如伞，遮荫和涵养水源的效益，可作庭园绿化和营造水源林的树种。(3) 经济价值　杨梅的树叶含氮量十分丰富，它是一种非豆科植物的固氮树种，它的根能与放线菌类的固氮菌共生形成根瘤，进行固氮作用，增加土壤中的氮素含量，促进伴生树种的生长；种植杨梅树可得到多方面的效益，可见其是一种值得进一步研究如何综合利用和开发推广的优良树种。

150

二十四、葫芦科（Cucurbitaceae）

茅瓜属（*Solena*）

73. 茅瓜

【拉丁学名】*Solena heterophylla* Lour.

【形态特征】攀缘草本。块根纺锤状，径粗 1.5～2cm。茎、枝柔弱，无毛，具沟纹。叶柄纤细，短，长仅 0.5～1cm，初时被淡黄色短柔毛，后渐脱落；叶片薄革质，多型，变异极大，卵形、长圆形、卵状三角形或戟形等，不分裂、3～5 浅裂至深裂，裂片长圆状披针形、披针形或三角形，长 8～12cm，宽 1～5cm，先端钝或渐尖，上面深绿色，稍粗糙，脉上有微柔毛，背面灰绿色，叶脉凸起，几无毛，基部心形，弯缺半圆形，有时基部向后靠合，边缘全缘或有疏齿。卷须纤细，不分歧。雌雄异株。雄花：10～20 朵生于 2～5mm 长的花序梗顶端，呈伞房状花序；花极小，花梗纤细，长 2～8mm，几无毛；花萼筒钟状，基部圆，长 5mm，径 3mm，外面无毛，裂片近钻形，长 0.2～0.3mm；花冠黄色，外面被短柔毛，裂片开展，三角形，长 1.5mm，顶端急尖；雄蕊 3，分离，着生在花萼筒基部，花丝纤细，无毛，长约 3mm，花药近圆形，长 1.3mm，药室弧状弓曲，具毛。雌花：单生于叶腋；花梗长 5～10mm，被微柔毛；子房卵形，长 2.5～3.5mm，径 2～3mm，无毛或疏被黄褐色柔毛，柱头 3。果实红褐色，长圆状或近球形，长 2～6cm，径 2～5cm，表面近平滑。种子数枚，灰白色，近圆球形或倒卵形，长 5～7mm，径 5mm，边缘不拱起，表面光滑无毛。花期为 5—8 月，果期为 8—11 月。

【地理分布】海南三亚：育才镇附近；乐东：利国镇白石岭、尖峰岭。昌江：霸王岭；白沙：元门乡；五指山：毛阳镇青介村、番阳镇附近；万宁：兴隆镇附近、六连岭；澄迈：红光农场、加乐镇加茂乡。生于海拔 600～1 200m 的疏林中。

【营养成分】果实成熟时可食用，味道香甜纯正，含有可溶性糖、还原糖、蛋白质及酚类物质等营养成分，并含人体所需的多种微量元素，其中蛋白质含量较低。此外，茅瓜还可作为蔬菜，加工成菜肴食用。

【其他价值】药用价值　茅瓜的块根及叶可入药，《中华本草》记载："味甘、微涩，性寒，有毒。归肺、肝、脾经。清热解毒，化瘀散结，化痰利湿。"其植株含有各种生物活性化合物，如萜类、三嗪类、酯类、烷烃类、醇类、碳氢化合物、醛类、酰胺类等，可作为抗糖尿病和抗菌药物使用，有一定的药用价值。

马㽍儿属（马胶儿属）（*Zehneria*）

74. 马㽍儿（老鼠拉冬瓜）

【拉丁学名】*Zehneria japonica* (Thunberg) H. Y. Liu.

【形态特征】攀缘或平卧草本；茎、枝纤细，疏散，有棱沟，无毛。叶柄细，长2.5～3.5cm，初时有长柔毛，最后变无毛；叶片膜质，多型，三角状卵形、卵状心形或戟形、不分裂或3～5浅裂，长3～5cm，宽2～4cm，若分裂时中间的裂片较长，三角形或披针状长圆形；侧裂片较小，三角形或披针状三角形，正面深绿色，粗糙，脉上有极短的柔毛，背面淡绿色，无毛；顶端急尖或稀短渐尖，基部弯缺半圆形，边缘微波状或有疏齿，脉掌状。雌雄同株。雄花单生或稀2～3朵生于短的总状花序上；花序梗纤细，极短，无毛；花梗丝状，长3～5mm，无毛；花萼宽钟形，基部急尖或稍钝，长1.5mm；花冠淡黄色，有极短的柔毛，裂片长圆形或卵状长圆形，长2～2.5mm，宽1～1.5mm；雄蕊3，2枚2室，1枚1室，有时全部2室，生于花萼筒基部，花丝短，长0.5mm，花药卵状长圆形或长圆形，有毛，长1mm，药室稍弓曲，有毛，药隔宽，稍伸出。雌花在与雄花同一叶腋内单生或稀双生；花梗丝状，无毛，长1～2cm，花冠阔钟形，径2.5mm，裂片披针形，先端稍钝，长2.5～3mm，宽1～1.5mm；子房狭卵形，有疣状凸起，长3.5～4mm，径1～2mm，花柱短，长1.5mm，柱头3裂，退化雄蕊腺体状。果梗纤细，无毛，长2～3cm；果实长圆形或狭卵形，两端钝，外面无毛，长1～1.5cm，宽0.5～0.8cm，成熟后橘红色或红色。种子灰白色，卵形，基部稍变狭，边缘不明显，长3～5mm，宽3～4mm。花期为4—7月，果期为7—10月。

【地理分布】海南乐东：万冲镇南盆村；东方：天安镇雅隆村"小桂林"；昌江：王下乡；白沙：鹦哥岭。生于500～1 200m的林中、路旁。

【营养成分】在孟加拉国、尼泊尔等国家还可以做蔬菜及腌菜，但目前尚未见到关于其营养成分的研究报道。马㽍儿是葫芦科Cucurbitaceae植物，而糖分是葫芦科作物果实中甜味的来源，糖含量是评价葫芦科作物果实品质的一项重要指标，葫芦科作物果实中大多含有可溶性糖如葡萄糖、果糖和蔗糖。

【其他价值】药用价值　马㽍儿又被称为老鼠拉冬瓜，全草药用，《中华本草》记载：味甘、苦，性凉；归肺、肝、脾经，清热解毒，消肿散结，化痰利尿。其干燥根药名为广东白蔹，又称土白蔹，有清热化痰、利湿、散结消肿之功效。具有重要的药用价值。

二十五、山茱萸科（Cornaceae）

八角枫属（*Alangium*）

75. 土坛树

【拉丁学名】*Alangium salviifolium* (L. f.) Wangerin

【形态特征】落叶乔木或灌木，常直立，高约8m，稀攀缘状；树皮褐色或灰褐色，平滑；小枝近圆柱形，幼时无毛或有微柔毛，渐老时紫褐色或黄褐色，无毛；有显著的圆形皮孔，有时具刺；冬芽锥状，生于叶腋，常包藏于叶柄的基部内。叶厚纸质或近革质，倒卵状椭圆形或倒卵状矩圆形，顶端急尖而稍钝，基部阔楔形或近圆形，全缘，长7～13cm，宽3～6cm，幼叶长3～6cm，宽1.5～2.5cm，正面绿色，无毛，下面淡绿色，除脉腋被丛毛外其余部分无毛或幼时背面有微柔毛，渐老时无毛，主脉和5～6对侧脉（有时基部的一对侧脉稍长）均在正面微显著，在背面凸起；叶柄长5～15mm，正面浅沟状，背面圆形，无毛，或有稀疏的黄色疏柔毛。聚伞花序3～8生于叶腋，常花叶同时出现，有淡黄色疏柔毛；总花梗长5～8mm，花梗长7～10mm，小苞片3，狭窄卵形或矩圆状卵形；花白色至黄色，有浓香味；花萼裂片阔三角形，长达2mm，两面均有柔毛；雄蕊20～30，花丝纤细，长6～8mm，基部以上有长柔毛，花药长8～12mm，药隔无毛；花盘肉质；子房1室，花柱倒圆锥状，长2cm，无毛；柱头头状，微4～5裂。核果卵圆形或椭圆形，长1.5cm，宽0.9～1.2cm，幼时绿色，成熟时由红色至黑色，顶端有宿存的萼齿。花期为2—4月，果期为4—7月。

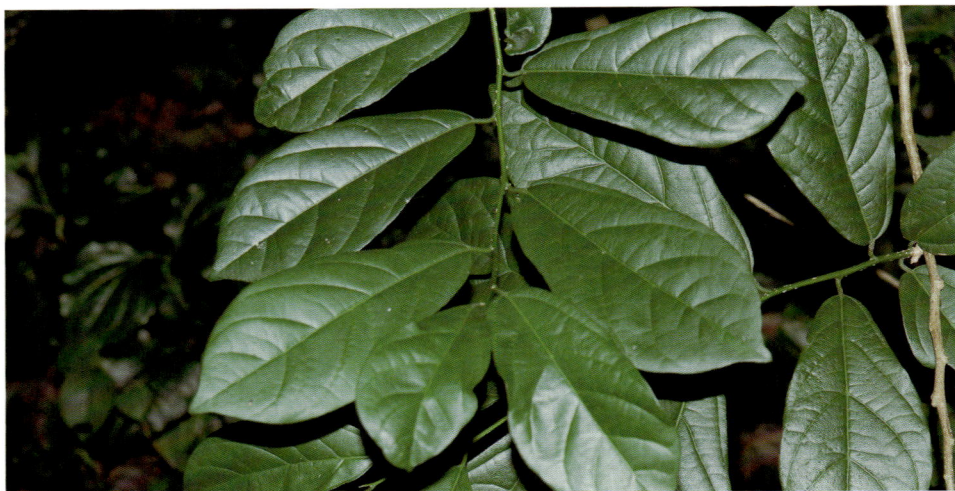

【地理分布】海南三亚：荔枝沟镇落笔洞；乐东：尖峰岭；东方：中沙乡；昌江：霸王岭；白沙：青松乡智在村；五指山：番阳镇；保亭：毛感乡马咀岭、毛感乡尖岭。万宁：青皮林茄新村、兴隆镇森林公园。琼中：红毛镇附近。儋州：那大镇大星村。澄迈：颜春岭、福山镇。生于疏林中。

【营养成分】土坛树的果实呈鲜红色，味道甜美，可直接食用。其果实中含有蛋白质、氨基酸、膳食纤维、总糖等多种人体必需营养成分。果实中的蛋白质含量高于苹果、梨和桃等常见水果；几乎无脂肪，是典型的高蛋白高纤维低脂肪果实；含有16种氨基酸，其中包括了7种人体必需氨基酸和2种儿童必需氨基酸，以天冬氨酸含量最高。天冬氨酸和谷氨酸为甜味氨基酸，是土坛树果实味道鲜美、具有良好口感的重要原因之一；谷氨酸和天冬氨酸都属酸性氨基酸，具有调节酸碱平衡作用，其中，天冬氨酸能与铁结合，促进胃肠道对铁的吸收，可以治疗缺铁性贫血、改善智力和增强记忆力；脯氨酸能稳定原生质胶体及组织内的代谢过程，因而能降低冰点，有防止细胞脱水的作用。此果多食可引起舌皮刺激感，故又名割舌罗，食用时应注意。

【其他价值】(1) 药用价值　土坛树是民间传统药用植物，其叶、根、花和果都有一定的药用价值。土坛树的根皮可作呕吐剂和解毒剂。其树皮和根中含生物碱，种子中含甾醇及脂肪酸，花的提取物中含有类固醇和黄酮类化合物，具有抗炎、抗菌等活性。(2) 经济价值　枝叶提取物对家蝇有明显的毒杀作用，可进一步开发成植物源农药来代替化学农药防治害虫。土坛树适应性强、耐贫瘠、耐盐碱、耐高温高湿，且产果量大；结合土坛树的生物学和生态学特性，可对其进行多渠道的开发利用，作为药用树种、绿化树种、防风树种等栽种。

二十六、西番莲科（Passifloraceae）

蒴莲属（*Adenia*）

76.蒴莲

【拉丁学名】*Adenia heterophylla*（Blume）Koord.

【形态特征】草质藤本；茎圆柱形，具条纹，变无毛。叶纸质，宽卵形至卵状长圆形，长7～15cm，宽8～12cm，先端短渐尖，基部圆形或短楔形、全缘，间有3裂，干时，两面苍黄色，光亮，无毛；叶脉羽状，侧脉4～5对，小脉横出，明显可见，叶为3裂者，中间裂片卵形，侧裂片较窄；叶柄长4～7cm，无毛，顶端与叶基之间具2个盘状腺体。聚伞花序有1～2朵花；花梗长达6cm；苞片鳞片状，细小。花单性者，雄花花梗长8～10mm；花萼管状，长9～12mm，顶端5裂，裂片小，宽三角形，长0.5mm；花瓣5枚，披针形，长0.6mm，具3条脉纹，生于萼管的基部，具5个附属物；雄蕊5，花丝极短，花药顶端渐尖；子房退化，无胚珠，具短柄。雌花较雄花大，萼管长8～9mm，裂片三角形，长与宽约1～1.5mm；花瓣5枚，披针形或椭圆形，长约5mm，生于萼管的下部，等高或稍高于萼齿，萼管基部具5枚膜质附属物，长圆形；退化雄蕊5，长1mm，基部合生；子房椭圆球形，具柄，有3个粗壮柱头。蒴果纺锤形，长8～12cm，老熟红色，有光泽，3瓣室背开裂，外果皮革质；种子多数，近圆形，扁平，直径近1cm，草黄色，种皮具网状小窝点。花期为1—7月，果期为8—10月。

【地理分布】海南三亚：南田农场、甘什岭；五指山：番阳镇布伦村南

乐山、毛阳镇毛路村；万宁：兴隆镇南旺农场；乐东、保亭、陵水、儋州及文昌有分布记录。生于疏林下、林缘、灌丛中。

【营养成分】其果实成熟时可食用。据文献报道，其花蜜中含有果糖、葡萄糖和蔗糖等糖类，以及精氨酸、甘氨酸、组氨酸等13种氨基酸，但未见关于其果实所含营养物质的研究，其营养成分还有待发现。

【其他价值】药用价值 据《中华本草》记载，蒴莲的根可入药，味甘、微苦，性凉；祛风通络，益气升提。研究发现，其同属植物 *A. cissampeloides* 具有抗菌和抗炎活性的单宁、皂苷、白屈菜单宁、萜类、甾体、生物碱、碳水化合物，具有一定的药用价值。

西番莲属（*Passiflora*）

77. 鸡蛋果

【拉丁学名】*Passiflora edulis* Sims

【形态特征】草质藤本；茎圆柱形并微有棱角，无毛，略被白粉；叶纸质、长5～7cm，宽6～8cm，基部心形，掌状5深裂，中间裂片卵状长圆形，两侧裂片略小、无毛、全缘；叶柄长2～3cm，中部有2～4细小腺体；托叶较大、肾形、抱茎、长达1.2cm，边缘波状，聚伞花序退化仅存1花，与卷须对生；花大，淡绿色，直径大，6～8cm；花梗长3～4cm；苞片宽卵形，长3cm，全缘；萼片5枚，长3～4.5cm，外面淡绿色，内面绿白色、外面顶端具1角状附属器；花瓣5枚，淡绿色，与萼片近等长；外副花冠裂片3轮，丝状，外轮与中轮裂片，长达1～1.5cm，顶端天蓝色，中部白色、下部紫红色，内轮裂片丝状，长1～2mm，顶端具1紫红色头状体，下部淡绿色；内副花冠流苏状，裂片紫红色，其下具1蜜腺环；具花盘，高约1～2mm；雌雄蕊柄长8～10mm；雄蕊5枚，花丝分离，长约1cm、扁平；花药长圆形，长约1.3cm；子房卵圆球形；花柱3枚，分离，紫红色，长约1.6cm；柱头肾形。浆果卵圆球形至近圆球形，长约6cm，熟时橙黄色或黄色；种子多数，倒心形，长约5mm。花期在5—7月。

【地理分布】海南万宁：兴隆镇森林公园、六连岭；海口：秀英区。海南各地有栽培。

【营养成分】西番莲属植物在我国栽培品种主要有紫果种（即鸡蛋果 *P. edulis* Sims）、黄果种（即黄果西番莲 *P. edulis* f. *flavicarpa* O. Degener）、黄果与紫果杂交种等3大类，因其气味芳香、风味浓郁，具有多种水果的香味，也称为"百香果"，果实成熟后有大量水分，果汁含量高，且酸甜可口，含有丰富的营养成分，如氨基酸、淀粉、维生素C、维生素A、类胡萝卜素、有机酸、矿物质元素及总糖、膳食纤维、黄酮类化合物、不饱和脂肪酸等。果汁中含有17种氨基酸、21种微量元素，包括亮氨酸、缬氨酸、酪氨酸等，西番莲属果实的果汁香味成分较复杂，紫果种香气成分有165种，黄果种香气成分有165种，紫果种有70多种，其中各种酯类和醇类是构成果实香味的主要成分，主要的挥发化合物为丁酸乙酯、己酸乙酯、丁酸己酯、己酸己酯4种酯类。目前西番莲加工产品主要有干燥制品、饮料制品、发酵制品、罐装制品等。

【其他价值】（1）药用价值　研究表明，西番莲属植物具有抗焦虑、降血糖、降血压、降血脂、抗氧化、抗菌等功效。西番莲属植物果实的籽油作为特种植物油脂有较好的开发利用前景。籽中粗蛋白的含量较高，其植物性蛋白含量仅次于大豆蛋白，因此，开发西番莲属植物果实的籽的蛋白资源，不仅可以提高油料的经济价值，而且在改善人们膳食结构和生活质量方面也将有重大意义。（2）观赏价值　我国栽培西番莲属植物具有悠久的历史，在唐代、清代，西番莲属植物已作为观赏植物栽培，其花形奇特，色彩艳丽，花期较长，果实累累，是花果俱佳的观赏植物。最适宜攀缘在棚架、栏杆上，也可缠绕在树干上。（3）经济价值　其种子榨油后的残渣经粉碎后可与米糠、玉米、麸皮混合，可作为动物的混合饲料或直接制成麸饼用作肥料。

78. 龙珠果

【拉丁学名】*Passiflora foetida* L.

【形态特征】草质藤本，长数米，有臭味；茎具条纹并被平展柔毛。叶膜质，宽卵形至长圆状卵形，长4.5～13cm，宽4～12cm，先端3浅裂，基部心形，边缘呈不规则波状，通常具头状缘毛，正面被丝状伏毛，并混生少许腺毛，背面被毛并其上部有较多小腺体，叶脉羽状，侧脉4～5对，网脉横出；叶柄长2～6cm，密被平展柔毛和腺毛，不具腺体；托叶半抱茎，深裂，裂片顶端具腺毛。聚伞花序退化仅存1花，与卷须对生。花白色或淡紫色，具白斑，直径约2～3cm；苞片3枚，一至三回羽状分裂，裂片丝状，顶端具腺毛；萼片5枚，长1.5cm，外面近顶端具1角状附属器；花瓣5枚，与萼片等长；外副花冠裂片3～5轮，丝状，外2轮裂片长4～5mm，内3轮裂片长约2.5mm；内副花冠非褶状，膜质，高1～1.5mm；具花盘，杯状，高约1～2mm；雌雄蕊柄长5～7mm；雄蕊5枚，花丝基部合生，扁平；花药长圆形，长约4mm；子房椭圆球形，长约6mm，具短柄，被稀疏腺毛或无毛；花柱3（～4）枚，长5～6mm，柱头头状。浆果卵圆球形，直径2～3cm，无毛；种子多数，椭圆形，长约3mm，草黄色。花期为7—8月，果期为翌年4—5月。

【地理分布】海南东方：东河镇、天安镇雅隆村"小桂林"；昌江：霸王岭尼下村机保山；五指山（市）：毛阳镇青介村；万宁：兴隆镇、大洲岛；琼海：潭门镇；文昌：龙楼镇、铜鼓岭、翁田镇。海口：那央村、石山镇；三亚、保亭、西沙群岛有分布记录。生于低海拔荒山、草坡及灌丛中。

【营养成分】果实味甜可食，含有水分、糖类、有机酸、蛋白质、脂肪、矿物质元素等多种营养成分。其中糖类有蔗糖、果糖、葡萄糖；有机酸有苹果酸、草酸、酒石酸、抗坏血酸和柠檬酸等五种，其中柠檬酸和草酸是主要有机酸；蛋白质中发现17种氨基酸，其中谷氨酸和精氨酸含量最高，组氨酸和一些必需氨基酸含量均高于人体营养需要量，而甘氨酸是甜味的来源；果实中的矿物质元素中K含量最高，其次是P和Mg；而微量

元素方面，果实中 Zn 含量较高，其次是 Fe、Mn 和 Cu；Mn 是一种无机营养素，参与许多重要的酶或蛋白质的合成，因此与生物体的许多生理功能有关，龙珠果中的 Mn 含量高于木瓜、大枣、锦鸡儿和菠萝等热带水果。

【其他价值】（1）药用价值　据《中华本草》记载，龙珠果全株或果可入药，具有清热解毒、清肺止咳之功效。研究表明，龙珠果中含有花青素、维生素 C、水溶性膳食纤维以及黄酮类化合物，其提取物具有造血、解毒、净化血液、减肥、平衡血压等功效，它还有助于润滑肠道、促进胃肠动力、抗氧化、清除重金属、对抗自由基和延缓衰老。（2）观赏价值　龙珠果的叶、花、果均有很强的观赏性，可作为藤本景观植物。（3）经济价值　其天然红色素含量高，是食用色素的潜在来源。

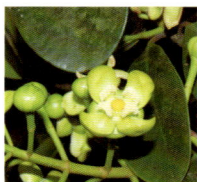

二十七、藤黄科（Clusiaceae）

藤黄属（*Garcinia*）

79. 多花山竹子

【拉丁学名】*Garcinia multiflora* Champ. ex Benth.

【形态特征】乔木，稀灌木，高5～15m。胸径20～40cm；树皮灰白色，粗糙；小枝绿色，具纵槽纹。叶片革质，卵形，长圆状卵形或长圆状倒卵形，长7～16cm，宽3～6cm，顶端急尖，渐尖或钝，基部楔形或宽楔形，边缘微反卷，干时背面苍绿色或褐色，中脉在正面下陷，背面隆起，侧脉纤细，10～15对，至近边缘处网结，网脉在表面不明显；叶柄长0.6～1.2cm。花杂性，同株。雄花序成聚伞状圆锥花序式，长5～7cm，有时单生，总梗和花梗具关节，雄花直径2～3cm，花梗长0.8～1.5cm；萼片2大2小，花瓣橙黄色，倒卵形，长为萼片的1.5倍，花丝合生成4束，高出于退化雌蕊，束柄长2～3mm，每束约有花药50枚，聚合成头状，有时部分花药成分枝状，花药2室；退化雌蕊柱状，具明显的盾状柱头，4裂。雌花序有雌花1～5朵，退化雄蕊束短，束柄长约1.5mm，短于雌蕊；子房长圆形，上半部略宽，2室，无花柱，柱头大而厚，盾形。果卵圆形至倒卵圆形，长3～5cm，直径2.5～3cm，成熟时黄色，盾状柱头宿存。种子1～2枚，椭圆形，长2～2.5cm。花期为6—8月，果期为11—12月，同时偶有花果并存。

【地理分布】海南乐东：尖峰岭；东方：东河镇南浪村九龙山；五指山：水满乡五指山；保亭：南林乡、七指岭；陵水：吊罗山、白水岭；万宁、昌江有分布记录。生于山地林中。

【营养成分】多花山竹子也称木竹子，果实水分含量较高，常用于鲜食，果肉营养丰富，粗蛋白质和粗脂肪含量较低，嫩滑清甜；此外，还含有总糖、总酸、维生素C，以及多种矿物质元素等营养成分。多花山竹子果实含有丰富的矿物质元素及维生素C，营养价值较高；果实含有Fe、Zn、Cu、P、Mg、K、Na等多种人体所需的微量元素和常量元素，其中K含量最高，Na含量较低，高钾低钠有利于预防高血压、维持有机体的酸碱平衡，多花山竹子果实中维生素C含量较杨梅果实高，但低于野生猕猴桃。果肉中至少含有16种氨基酸，其中有6种是人体必需的氨基酸。

【其他价值】（1）药用价值　为我国传统的民族药物，其主要的化学成分有多环多异戊烯基间苯三酚类化合物（PPAPs）、黄酮类以及萜类化合物，这些化合物具有抗肿瘤、抗病毒、抗氧化和抗炎等生物活性。（2）观赏价值　多花山竹子树形优美紧凑，呈圆柱状，其生长迅速，枝繁叶茂，枝条的着生角度小，抗病虫害能力强，适应性强、移栽成活率高，可用于城市道路绿化与花坛植物造景。（3）经济价值　果实中含有的叶绿素、类胡萝卜素和花青素具有非常高的利用价值。多花山竹子是一种木本油料树种，种子油可以制作肥皂、机械润滑油、生物柴油、化妆品、软膏、矿石浮洗剂、涂料和食品添加剂等，此外，可以作为化学中间体制造油酸钙、油酸铝、油酸钴等金属皂和油酸酯等衍生产品，开发利用前景较为广阔。

80. 岭南山竹子

【拉丁学名】*Garcinia oblongifolia* Champ. ex Benth.

【形态特征】乔木或灌木，高5～15m，胸径可达30cm；树皮深灰色。老枝通常具断环纹。叶片近革质，长圆形，倒卵状长圆形至倒披针形，长5～10cm，宽2～3.5cm，顶端急尖或钝，基部楔形，干时边缘反卷，中脉在上面微隆起，侧脉10～18对；叶柄长约1cm。花小，直径约3mm，单性，异株，单生或成伞形状聚伞花序，花梗长3～7mm。雄花萼片等大，近圆形，长3～5mm；花瓣橙黄色或淡黄色，倒卵状长圆形，长7～9mm；雄蕊多数，合生成1束，花药聚生成头状，无退化雌蕊。雌花的萼片、花瓣与雄花相似；退化雄蕊合生成4束，短于雌蕊；子房卵球形，8～10室，无花柱，柱头盾形，隆起，辐射状分裂，上面具乳头状瘤突。浆果卵球形或圆球形，长2～4cm，直径2～3.5cm，基部萼片宿存，顶端承以隆起的柱头。花期为4—5月，果期为10—12月。

【地理分布】海南三亚：福万水库；乐东：尖峰岭；东方：东河镇南浪村九龙山；昌江：七叉镇金鼓岭、霸王岭；白沙：鹦哥岭、牙叉镇；保亭：七指岭；万宁：兴隆镇南旺哑巴田；儋州：龙山农场；澄迈：昆仑农场；文昌：铜鼓岭及附近。生于海拔200～1 200m林中。

【营养成分】热带地区的黎族、壮族人民等都将岭南山竹子果实作为一种野生水果，因食用果实而使牙齿变黄，也被当地人称作黄牙果、染牙果。目前，并无学者研究岭南山竹子果实中的营养成分。

【其他价值】（1）药用价值　岭南山竹子为传统药材。茎皮常用于消炎止痛、收敛生肌等。现代研究还从岭南山竹子的不同部位共分离到100多个化合物，分属于苯甲酮类、黄酮类、三萜类、甾体类等，具有抗菌、杀虫、镇痛抗炎、抗氧化等多种活性，在医药领域都具有很好的应用前景。（2）观赏价值　其树形优美紧凑，枝繁叶茂，花果多，花叶均有一定的观赏性，移栽成

活率高，可用于园林造景。（3）经济价值　种子含油量60.7%，种仁含油量70%，可作工业用油；木材可制家具和工艺品；树皮含单宁3%～8%，供提制栲胶，具有广泛的开发前景。

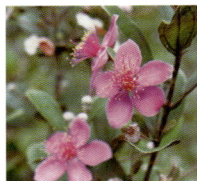

二十八、桃金娘科（Myrtaceae）

桃金娘属（*Rhodomyrtus*）

81. 桃金娘

【拉丁学名】*Rhodomyrtus tomentosa*〔Ait.〕Hassk.

【形态特征】灌木，高1～2m；嫩枝有灰白色柔毛。叶对生，革质，叶片椭圆形或倒卵形，长3～8cm，宽1～4cm，先端圆或钝，常微凹入，有时稍尖，基部阔楔形，正面初时有毛，以后变无毛，发亮，背面有灰色茸毛，离基三出脉，直达先端且合在一起，边脉离边缘3～4mm，中脉有侧脉4～6对，网脉明显；叶柄长4～7mm。花有长梗，常单生，紫红色，直径2～4cm；萼管倒卵形，长6mm，有灰茸毛，萼裂片5，近圆形，长4～5mm，宿存；花瓣5，倒卵形，长1.3～2cm；雄蕊红色，长7～8mm；子房下位，3室，花柱长1cm。浆果卵状壶形，长1.5～2cm，宽1～1.5cm，熟时紫黑色；种子每室2列。花期为4—5月。

【地理分布】海南三亚：甘什、南山；乐东：东河镇南浪村九龙山、尖峰岭；东方：东方村；昌江：霸王岭；白沙：元门乡。五指山（市）：毛阳镇青介村、同甲村至南圣镇、五指山；保亭：七指岭；陵水：吊罗山乡新安村；万宁：兴隆镇森林公园、青皮林保护区；琼中：白水岭；儋州：洛南村、兰洋镇莲花山；澄迈：颜春岭、昆仑农场；琼海：东太农场南太区、坡塘附近。生于丘陵坡地。

【营养成分】桃金娘果实具有酸甜爽口、淡涩余香、回甜生津的独特风味，所含营养成分齐全，蛋白质和糖含量丰富，脂肪含量少，含有多种矿物质元素、氨基酸、维生素，特别是维

生素C 含量极高。此外，野生桃金娘富含抗氧化性强的花青素、黄酮、β-胡萝卜素等。果实中主要矿物质元素包括Na、K、Ca、Mg、P等，其中人体所需常量元素K含量最高，Na含量最少，高钾低钠的比例，有助于保持人体内的水盐代谢平衡。丰富的Ca和P则利于人体骨骼和牙齿生长发育；Mg等元素可以防治健忘症、老年痴呆病及糖尿病。果实中富含17 种氨基酸，其中7 种为人体必需氨基酸，亮氨酸、缬氨酸、苯丙氨酸、赖氨酸、苏氨酸、异亮氨酸和蛋氨酸；氨基酸中谷氨酸含量最高，其次为能抑制肿瘤生长、增强细胞免疫功能的精氨酸。

【其他价值】（1）**药用价值**　桃金娘的根、叶、果均可入药，根具有祛风活络、收敛止泻的功效；叶具有收敛止泻、止血的功效；果具有补血、滋养的功效；现代药理学研究表明，桃金娘具有抗菌、抗炎和抗氧化等作用，其提取物还有降血脂和抗疟原虫等药理活性。现代药理学研究表明，桃金娘中含有间苯三酚类、三萜类、蒽醌类、花青素、酚类和黄酮类等化合物。（2）**经济价值**　其果实风味独特、甘甜多汁、营养丰富，极具食用价值与开发前景；目前主要应用于制酒、果汁研制、果实色素提取等；果实酸甜适度、可溶性固形物含量高，含有还原型维生素C、氨基酸、黄酮类等营养成分和药用成分，是酿制果酒的绝佳原料；果实中提取的色素为天然色素，对光、热均具有较好的稳定性，易于加工和贮藏，在食品工业允许范围内，防腐剂、酸味剂、甜味剂等食品添加剂对桃金娘色素的稳定性无影响，因此适宜做酸性饮料及食品的着色剂。（3）**观赏价值**　桃金娘耐热、耐旱、耐贫瘠，为酸性指示植物；花、叶、果俱美，是用于园林绿化、生态环境建设、山坡复绿、水土保持的常绿灌木。

蒲桃属（*Syzygium*）

82. 肖蒲桃

【拉丁学名】*Syzygium acuminatissimum*（Blume）DC.

【形态特征】乔木，高20m；嫩枝圆形或有钝棱。叶片革质，卵状披针形或狭披针形，长5～12cm，宽1～3.5cm，先端尾状渐尖，尾长2cm，基部阔楔形，正面干后暗色，多油腺点，侧脉多而密，彼此相隔3mm，以65°～70°开角缓斜向上，在正面不明显，在背面能见，边脉离边缘1.5mm；叶柄长5～8mm。聚伞花序排成圆锥花序，长3～6cm，顶生，花序轴有棱；花3朵聚生，有短柄；花蕾倒卵形，长3～4mm，上部圆，下部楔形；萼管倒圆锥形，萼齿不明显，萼管上缘向内弯；花瓣小，长1mm，白色；雄蕊极短。浆果球形，直径1.5cm，成熟时黑紫色；种子1个。花期为7—10月。

【地理分布】海南三亚：崖城附近；乐东：利国镇白石岭、尖峰岭；昌江：佳切山及附近、七叉镇七叉岭；五指山（市）：南圣镇毛祥村一带；保亭：毛感乡石伦；陵水：吊罗山乡黄家岭、大从岭。万宁：兴隆镇南旺水库；儋州：兰洋镇莲花山。生于低海拔至中海拔的林中。

【营养成分】成熟时果实可食用，种子有清香味。蒲桃属中大多数种类的果实可以食用，虽然目前并无专门研究黑嘴蒲桃果实营养成分的文章，但蒲桃属其他植物如洋蒲桃、蒲桃等作为常食用水果，其营养成分已有许多学者研究。如蒲桃果实中的维生素B_1和维生素B_2的含量相当丰富，维生素B_1是普通水果的4 ~ 24倍，维生素B_2是普通水果的3 ~ 10倍，果肉中人体必需的矿物质元素含量丰富，尤其是Ca、P、Mg、Zn的含量远远高于其他水果含量，Fe、Cu的含量也较高；果肉含有全部18种氨基酸，其中包括人体必需的8种氨基酸；此外还有总糖、总酸和单宁等成分。

【其他价值】(1) 药用价值　黑嘴蒲桃植株的多个部位都可入药，其果实、叶可温补虚寒。该属植物含有挥发油、萜类和黄酮类等多种化学成分。具有降血糖、抗菌、抗氧化及镇痛抗炎等作用，黑嘴蒲桃的其他药理活性还有待进一步挖掘。(2) 观赏价值　黑嘴蒲桃为常绿灌木，枝、叶、花、果都有观赏价值，枝干紧凑，树冠常绿，其嫩叶色彩旖丽，层次丰富，枝条耐修剪、萌芽力强，花多白色如雪花，是一种可供园林色块造景、绿篱、整形灌木、盆栽和林下栽培的不可多得的优良树种。

84. 赤楠

【拉丁学名】*Syzygium buxifolium* Hook. & Arn.

【形态特征】灌木或小乔木；嫩枝有棱，干后黑褐色。叶片革质，阔椭圆形至椭圆形，有时阔倒卵形，长1.5～3cm，宽1～2cm，先端圆或钝，有时有钝尖头，基部阔楔形或钝，正面干后暗褐色，无光泽，背面稍浅色，有腺点，侧脉多而密，脉间相隔1～1.5mm，斜行向上，离边缘1～1.5mm处结合成边脉，在正面不明显，在背面稍突起；叶柄长2mm。聚伞花序顶生，长约1cm，有花数朵；花梗长1～2mm；花蕾长3mm；萼管倒圆锥形，长约2mm，萼齿浅波状；花瓣4，分离，长2mm；雄蕊长2.5mm；花柱与雄蕊同等。果实球形，直径5～7mm。花期为6—8月。

【地理分布】海南乐东：尖峰岭、抱由镇；陵水：吊罗山乡新安村；万宁：兴隆镇森林公园、六连岭；琼中：白马岭。生于海拔200～1 200m的疏林中、灌丛、山上。

【营养成分】赤楠成熟果实可食用，果肉中的营养成分丰富，其中维生素C、蛋白质、总酸、粗脂肪等含量比常见的蔬果较高，总糖含量与葡萄、苹果等相近，还原糖含量与苹果接近。果肉中有17种氨基酸，其中谷氨酸含量最高，天冬氨酸次之。其具有抗疲劳、保护和维持脑组织正常功能的作用，同时在糖和蛋白质代谢中发挥着重要作用。婴儿必需的组氨酸含量较为丰富；此外、赖氨酸、缬氨酸、亮氨酸和异亮氨酸的含量也较高。非必需氨基酸则主要有天冬氨酸、脯氨酸、谷氨酸、精氨酸。矿物质元素具有高钾低钠的特点，这有助于治疗和预防高血压，而Ca、Mg离子的含量也比常见水果要高；Zn、Cu、Fe、Mn、Ni、Mo、Se等微量元素含量均较为丰富。种子中脂肪酸含量相对较高，不饱和脂肪酸种类多。

【其他价值】（1）药用价值　赤楠全株均可入药，其根性平、味甘，有健脾利湿、平喘、散瘀等功效。赤楠中含有挥发油、黄酮、三萜类等化学成分，已清楚的药理活性有抗菌、抗氧化等。赤楠的药理活性还需更进一步研究。（2）观赏价值　赤楠树桩苍劲古朴，叶小而密集，枝条婆娑，四季常绿，娇翠欲滴，是目前盛行的盆景树种；株型优美、萌芽力强，可开发应用于环境美化方面。（3）经济

价值　赤楠果实中含有较为丰富的色素，主要成分为花色素苷类，可用于酸性食品和饮料的着色。赤楠具有较强的热稳定性，并且在短时间紫外光照射下较稳定。其木材为紫棕红色，边材为灰黄褐色，材重且硬韧，难加工，较耐腐，可供建筑使用，也可作桩木、电杆等使用。

85. 子凌蒲桃

【拉丁学名】*Syzygium championii* (Benth.) Merr. & L. M. Perry.

【形态特征】灌木至乔木。嫩枝有4棱，干后灰白色。叶片革质，狭长圆形至椭圆形，长3～6cm，宽1～2cm，偶有长9cm，宽3cm，先端急尖，常有长不及1cm的尖头，基部阔楔形，上面干后灰绿色，不发亮，下面同色，侧脉多而密，近于水平斜出，脉间相隔1mm，边脉贴近边缘；叶柄长2～3mm。聚伞花序顶生，有时腋生，有花6～10朵，长约2cm；花蕾棒状，长1cm，下部狭窄；花梗极短；萼管棒状，长8～10mm，萼齿4，浅波形；花瓣合生成帽状；雄蕊长3～4mm；花柱与雄蕊同长。果实长椭圆形，长12mm，红色，干后有浅直沟；种子1～2颗。花期为8—11月。

【地理分布】海南乐东：尖峰岭；东方：东河镇南浪村九龙山；五指山（市）：同甲村至南圣镇；陵水：吊罗山乡；万宁：兴隆镇铜铁岭；琼海：东太农场船埠区；文昌：铜鼓岭。生于海拔100～700m的林中。

【营养成分】子凌蒲桃果实较同属许多种类的果实大，形状与洋蒲桃相近但稍小，成熟后可食用。蒲桃属中大多数种类的果实可以食用，虽然目前并无专门研究子凌蒲桃果实营养成分的文章，但蒲桃属其他植物如洋蒲桃、蒲桃等作为常食用水果，其营养成分已有许多学者研究。如蒲桃果实中的维生素B_1和维生素B_2的含量相当丰富，其维生素B_1是普通水果的4～24倍，维生素B_2是普通

水果的 3 ~ 10 倍，果肉中人体必需的矿物质元素含量丰富，尤其是 Ca、P、Mg、Zn 的含量远远高于其他水果含量，Fe、Cu 的含量也较高；果肉含有 18 种氨基酸，其中包括人体必需的 8 种氨基酸；此外还含有总糖、总酸和单宁等成分。

【其他价值】（1）药用价值　子凌蒲桃的药用功效尚不明确，但是蒲桃属中许多植物都能入药，其药用价值还有待挖掘。（2）观赏价值　子凌蒲桃为常绿植物，枝、叶、花、果和树干都有观赏价值，树形优美，树冠常绿，其嫩叶色彩旖丽，变化多样，层次丰富，枝条耐修剪、萌芽力强，花多，色白，且有芳香味；果实成熟时常红色，顶端冠以宿存环状萼檐，观赏性极高；抗性好，耐阴性好，是一种可供园林色块造景、作绿篱，以及作整形灌木、盆栽和林下栽培的不可多得的优良树种。（3）经济价值　其树皮灰黄白，木材灰黄白，材重硬韧，加工稍难，耐腐，可供建筑、造船、车辆等使用。

86. 棒花蒲桃

【拉丁学名】*Syzygium claviflorum* (Roxb.) Wall. ex Steud.

【形态特征】灌木至小乔木；小枝圆形，干后灰褐色。叶片薄革质，狭长圆形至椭圆形，长12～21cm，宽4～8cm，先端略尖或钝，基部阔楔形或略钝，正面干后绿色，稍发亮，背面浅绿色，侧脉18～25对，在背面稍突出，脉间相隔5～7mm，网脉明显，边脉离边缘1～1.5mm；叶柄长5～7mm，干后皱缩。聚伞花序或伞形花序腋生及生于无叶老枝上，有花3～9朵，总梗长3～5mm；花白色，花梗长2mm，与萼管相接；萼管长约1.5cm，棒状，表面有多数浅直沟，先端稍扩大，萼齿短，短半圆形；花瓣圆形，长3mm；雄蕊长4～7mm；花柱长1.5～2cm，先端尖。果实长椭圆形或长壶形，长1.5～2cm，宽6～8mm。花期为4月。

【地理分布】乐东：尖峰岭；昌江：霸王岭；五指山：番阳镇；保亭：八村乡附近、保城附近路旁、加茂镇附近。陵水：南湾岭；通天岭。万宁：兴隆镇森林公园、兴隆镇南旺村附近。生于常绿林中。

【营养成分】果实成熟时可食用，蒲桃属中大多数种类的果实可以食用，虽然目前并无专门研究棒花蒲桃营养成分的文章。

【其他价值】观赏价值　棒花蒲桃果实成熟时常紫黑，顶端冠以宿存环状萼檐，观赏性极高。其萌发力强，抗性好，耐阴性好，是很好的树桩盆景材料。

87. 乌墨

【拉丁学名】*Syzygium cumini* (L.) Skeels.

【形态特征】乔木，高15m；嫩枝圆形，干后灰白色。叶片革质，阔椭圆形至狭椭圆形，长6～12cm，宽3.5～7cm，先端圆或钝，有一个短的尖头，基部阔楔形，稀为圆形，正面干后褐绿色或为黑褐色，略发亮，背面稍浅色，两面多细小腺点，侧脉多而密，脉间相隔1～2mm，缓斜向边缘，离边缘1mm处合成边脉；叶柄长1～2cm。圆锥花序腋生或生于花枝上，偶有顶生，长可达11cm；有短花梗，花白色，3～5朵簇生；萼管倒圆锥形，长4mm，萼齿很不明显；花瓣4，卵形略圆，长2.5mm；雄蕊长3～4mm；花柱与雄蕊等长。果实卵圆形或壶形，长1～2cm，上部有长1～1.5mm的宿存萼筒；种子1颗。花期为2—3月。

【地理分布】海南三亚：吉阳镇榆林村、南山。东方：大田镇报英村；昌江：霸王岭、七叉镇金鼓岭；保亭：市区附近；陵水：吊罗山白水岭；万宁：兴隆镇至南旺水库、牛牯田后山。琼中：红毛镇附近；儋州：兰洋镇莲花山；临高：高山；澄迈：东边田村大王岭、古东村白石岭及附近；屯昌：枫木镇；文昌：铜鼓山及附近。生于低海拔的林中或旷野。

【营养成分】乌墨果实成熟后可食用，常鲜食，可食用部分占果重69%～75%，蒲桃属中大多数种类的果实可以食用，虽然目前并无专门研究乌墨果实营养成分的文章。乌墨成熟的果汁可与葡萄汁比美，可用于制乌墨酒或红酒，未熟果汁可制醋。

【其他价值】(1) 药用价值 乌墨的果实、茎皮、叶药用，具有润肺、止咳、平喘的功效。现代研究表明，乌墨富含黄酮及黄酮苷类、花青素类、酚类、β-谷甾醇、蒲桃碱、桦木酸、齐墩果酸、鞣酸、烷烃和醇类等化学成分，具有多种活性，叶油具有抑菌活性。(2) 观赏价值 乌墨为常绿乔木，花、果和树干都有观赏价值，果实成熟时常紫黑色，顶端冠以宿存环状萼檐，观赏性极高；抗性好，是一种可供园林绿化栽培的优良树种。(3) 经济价值 心材为紫棕色，边材为浅紫棕色，材重硬，加工稍难，耐腐，可供造船、建筑、家具等使用。

88. 水竹蒲桃

【拉丁学名】*Syzygium fluviatile* (Hemsl.) Merr. & L. M. Perry.

【形态特征】灌木，高1～3m；嫩枝圆形，干后褐色。叶片革质，线状披针形，长3～8cm，宽7～14mm，先端钝或略圆，基部渐变狭窄，正面干后暗褐色，不发亮，有多数下陷腺点，背面黄褐色，多突起小腺点，侧脉多而密，彼此相隔1.5～2mm，以40度角急斜向上，离边缘约0.3mm处合成边脉，在正面不明显，在背面略突起；叶柄极短，长约2mm。聚伞花序腋生，长1～2cm；花蕾倒卵形，长4mm；花梗长2～3mm，有时无柄；萼管倒圆锥形，长3.5mm，萼齿4，极短；花瓣分离，圆形，长4mm；雄蕊长4～5mm；花柱与雄蕊等长。果实球形，宽6～7mm，成熟时为黑色。花期为4—7月。

【地理分布】海南三亚：福万水库；乐东：尖峰岭、冲坡镇；东方：东河镇南浪村；昌江：七叉镇皇帝洞、霸王岭乌烈林场；白沙：志道村、阜龙乡一带、南开乡马或岭、牙叉镇。五指山（市）：通什往万冲；万宁：南林乡；琼中：红毛镇附近、黎母山；临高：尖岭河旁；澄迈：昆仑农场、大王岭附近；屯昌：枫木镇。生于低海拔的林中溪边。

【营养成分】成熟时果皮为紫黑色，果实可食用。

【其他价值】（1）药用价值　水竹蒲桃的药用功效尚不明确，但是蒲桃属中许多植物都可入药。（2）观赏价值　抗性好，耐阴性好，是一种可供园林色块造景、绿篱、整形灌木、盆栽和林下栽培的不可多得的优良树种。（3）经济价值　皮灰褐，木材紫棕红，材重硬，加工稍难，耐腐，可供造船、建筑、机械器具、运动器械等使用。

89. 蒲桃

【拉丁学名】*Syzygium jambos* (L.) Alston.

【形态特征】乔木，高10m。主干极短，广分枝；小枝圆形。叶片革质，披针形或长圆形，长12～25cm，宽3～4.5cm，先端长渐尖，基部阔楔形，叶面多透明细小腺点，侧脉12～16对，以45度角斜向上，靠近边缘2mm处接合成边脉，侧脉间相隔7～10mm，在下面明显突起，网脉明显；叶柄长6～8mm。聚伞花序顶生，有花数朵，总梗长1～1.5cm；花梗长1～2cm，花白色，直径3～4cm；萼管倒圆锥形，长8～10mm，萼齿4，半圆形，长6mm，宽8～9mm；花瓣分离，阔卵形，长约14mm；雄蕊长2～2.8cm，花药长1.5mm；花柱与雄蕊等长。果实球形，果皮肉质，直径3～5cm，成熟时黄色，有油腺点；种子1～2颗，多胚。花期为3—4月，果实为5—6月成熟。

【地理分布】海南白沙：鹦哥岭、牙黎老村；五指山南圣镇毛祥村一带；保亭：毛感乡、三道番；万宁：兴隆镇南旺水库哑巴田、兴隆镇森林公园；琼中：和平镇长沙村；儋州：纱帽岭；澄迈：昆仑农场、加乐镇产坡村；琼海：东太农场南太区。生于河边湿地、混交林中、河谷，有栽培。

【营养成分】蒲桃果实成熟时可食用，并具有特殊浓厚的玫瑰香味，故称"香果"。其食用部分含大量的水分，果实中的维生素B_1和维生素B_2的含量相当丰富，维生素B_1是普通水果的 4 ～ 24 倍，维生素B_2是普通水果的 3 ～ 10 倍，果肉中人体必需的矿物质元素含量丰富，尤其是Ca、P、Mg、Zn的含量远远高于其他水果含量，Fe、Cu 的含量也较高；果肉含有全部18种氨基酸，其中包括人体必需的8种氨基酸；此外还有总糖、蛋白质、膳食纤维、总酸和单宁等成分。除鲜食外，还可做蜜饯、高级饮料及用于酿酒。

【其他价值】（1）**药用价值** 蒲桃具有温中散寒、降逆止呕、温肺止咳功效。三萜酸类化合物是蒲桃茎的主要化学成分，现代药理学研究表明蒲桃茎提取物具有降血糖、抗氧化、抗菌以及抗炎等作用。（2）**观赏价值** 其枝叶婆娑，花繁叶茂，周年常绿，树姿优美，可兼作庭院绿荫观赏植物。（3）**经济价值** 花期长，花量大，花粉和蜜均多，香气浓，是良好的蜜源植物；花可用以窨制花茶；木材是上等的家具用材；对环境适应性强，抗旱、抗涝、抗病虫能力强，还是良好的防风固沙植物。

【其他价值】（1）药用价值　水翁干燥花蕾具有清热解毒暑、生津止渴、去湿消滞之功效。其药用价值较高。水翁在民间使用非常广泛，尤其在广东最为常用，是广东本地产药材之一，也是"广东凉茶"的主要原料之一；研究表明水翁花主要化学成分为黄酮类化合物、三萜类、酚类、甾醇等，具有抗炎镇痛解热作用。（2）观赏价值　水翁是我国华南地区常见的、适应性较广的一种优良乡土树种，枝叶繁茂，聚伞花序，花多而洁白，具有一定的芳香气味，常作为绿荫树、园景树栽植；在干旱、潮湿、半淹、全淹条件下均可以生存且具有固土护坡、净化水体的能力，可作为海滨城市建设和滨水绿化的参考树种。（3）经济价值　木材具光泽，无特殊气味和滋味，纹理直，结构细至中，均匀；轻软至中，易加工，适用于轻型民用建筑（房架、檩条、椽子、门窗、天花板、室内装修、装饰条等）、普通家具、农具、包装箱盒、车厢板等。

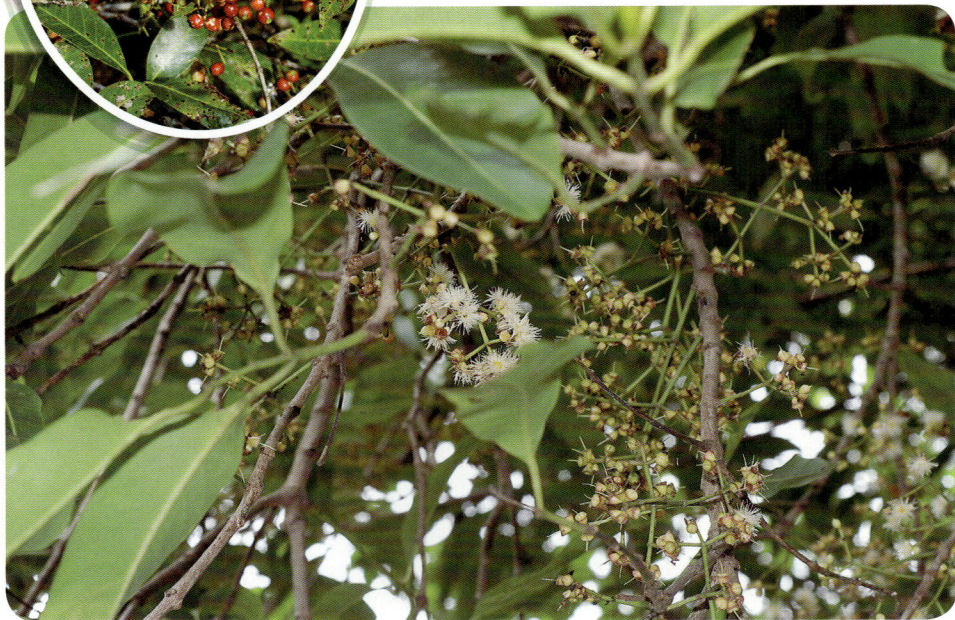

92. 香蒲桃

【拉丁学名】*Syzygium odoratum* (Lour.) DC.

【形态特征】常绿乔木，高达
20m。嫩枝纤细，圆形或略压扁，
干后灰褐色。叶片革质，卵状披针
形或卵状长圆形，长 3 ~ 7cm，宽
1 ~ 2cm，先端尾状渐尖，基部钝
或阔楔形，上面干后橄榄绿色，有
光泽，多下陷的腺点，下面同色，
侧脉多而密，彼此相隔约2mm，
在上面不明显，在下面稍突起，
以45°开角斜向上，在靠近边缘
1mm处接合成边脉；叶柄长 3 ~ 5mm。圆锥花序顶生或近顶生，长 2 ~ 4cm；
花梗长 2 ~ 3mm，有时无花梗；花蕾倒卵圆形，长约4mm；萼管倒圆锥形，
长 3mm，有白粉，干后皱缩，萼齿 4 ~ 5 短而圆；花瓣分离或帽状；雄蕊长
3 ~ 5mm；花柱与雄蕊同长。果实球形，直径6 ~ 7mm，略有白粉。花期为
6—8月。

【地理分布】海南三亚：黄麖岭；乐东：尖峰岭；昌江；霸王岭；保亭：
七指岭；万宁：牛角岭、礼纪镇石梅村、杨梅港；文昌：公坡镇龙飞头村、会
文镇。生于低海拔疏林中或林谷中。

【营养成分】香蒲桃果实成熟后可食用。

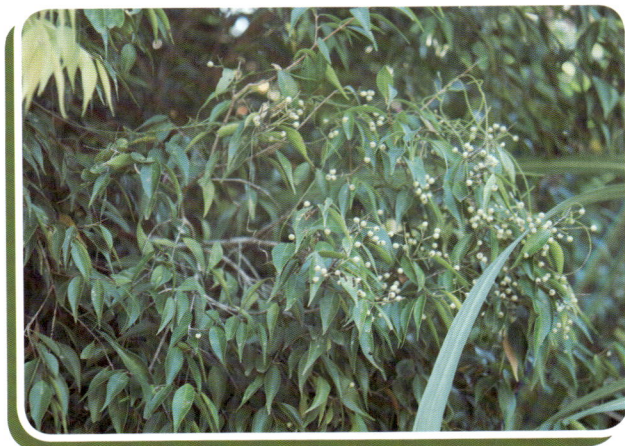

【其他价值】(1) 药用
价值　香蒲桃的药用功效
尚不明确，但是蒲桃属中
许多植物都入药。(2) 观
赏价值　香蒲桃为常绿植
物，枝、叶、花、果和树
干都有观赏价值，树形优
美，是一种可供园林色块
造景，可作绿篱、整形灌
木、盆栽和林下栽培的不
可多得的优良树种。

93. 方枝蒲桃

【拉丁学名】*Syzygium tephrodes*（Hance）Merr. & L. M. Perry.

【形态特征】灌木至小乔木，高达6m。小枝有4棱，干后灰白色，老枝圆形，灰褐色。叶片革质，近于无柄，细小，卵状披针形，长2～5cm，宽1～1.5cm，先端钝而渐尖，或钝而略尖，基部微心形，正面干后灰绿色或灰褐色，无光泽，背面稍浅，侧脉12～16对，在正面明显，在背面隐约可见，近于水平斜出，边脉极靠近边缘，侧脉间相隔约1.5mm。圆锥花序顶生，长3～4cm，总梗有棱，灰白色；花梗长1～2mm，花白色，有香气；萼管窄倒圆锥形，长约4mm，灰白色，干后纵向皱褶，萼齿4，近圆形，长约1mm；花瓣连合，圆形，长2mm；雄蕊长3～4mm；花柱长6～7mm。果实卵圆形，长3～4mm，灰白色，上部较狭，顶部有宿存萼齿。花期为5—6月。

【地理分布】海南三亚：甘什岭；乐东：尖峰岭；保亭：七仙岭。陵水：吊罗山；万宁：兴隆镇森林公园、青皮林博房岭；琼中：和平镇、营根镇高田村大岭一；儋州：和庆镇美万村；澄迈：昆仑农场；定安：龙门镇；琼海：彬村山华侨农场、东平农场、中原镇；文昌：翁田乡、铜鼓山及附近。生于海拔300m的常绿阔叶林、山谷中。

【营养成分】成熟时果皮为灰白色，果实松软，口感清甜，种子有清香味。

【其他价值】(1) 药用价值　方枝蒲桃的药用功效尚不明确，但是蒲桃属中许多植物都入药。(2) 观赏价值　方枝蒲桃为常绿植物，枝、叶、花、果和树干都有观赏价值，树形优美，树冠常绿，是一种可供园林色块造景，作绿篱、整形灌木、盆栽和林下栽培的不可多得的优良树种。(3) 经济价值　木材紫棕，材重硬，加工稍难，耐腐，可供建筑、小件用具等使用。

二十九、野牡丹科（Melastoma-taceae）

野牡丹属（Melastoma）

94. 毛稔

【拉丁学名】*Melastoma sanguineum* Sims

【形态特征】大灌木，高1.5～3m。茎、小枝、叶柄、花梗及花萼均被平展的长粗毛，毛基部膨大。叶片坚纸质，卵状披针形至披针形，顶端长渐尖或渐尖，基部钝或圆形，长8～15cm，宽2.5～5cm，全缘，基出脉5，两面被隐藏于表皮下的糙伏毛，通常仅毛尖端露出，叶面基出脉下凹，侧脉不明显，背面基出脉隆起，侧脉微隆起，均被基部膨大的疏糙伏毛；叶柄长1.5～2.5cm。伞房花序，顶生，常仅有花1朵，稀有3朵；苞片戟形，膜质，顶端渐尖，背面被短糙伏毛，以脊上为密，具缘毛；花梗长约5mm，花萼管长1～2cm，直径1～2cm，有时毛外翻，裂片5，三角形至三角状披针形，长约1.2cm，宽4mm，较萼管略短，脊上被糙伏毛，裂片间具线形或线状披针形小裂片，通常较裂片略短，花瓣粉红色或紫红色，5枚，广倒卵形，上部略偏斜，顶端微凹，长3～5cm，宽2～2.2cm；雄蕊长者药隔基部伸延，末端2裂，花药长1.3cm，花丝较伸长的药隔略短，短者药隔不伸延，花药长9mm，基部具2小瘤；子房半下位，密被刚毛。果杯状球形，胎座肉质，为宿存萼所包；宿存萼密被红色长硬毛，长1.5～2.2cm，直径1.5～2cm。花果期几乎全年。

【地理分布】海南三亚：甘什岭；乐东：鹦哥岭、尖峰岭；东方：东河镇南浪村九龙山；昌江：王下乡、保梅岭、广坝区七叉镇七叉岭；白沙：牙叉镇雅广路；五指山（市）：五指山、同甲村至南圣镇。保亭：通什尖岭、保城镇附近；陵水：吊罗山；万宁：南旺水库附近、兴隆镇森林公园；琼中：上安乡；儋州：洛南村、二甲山及附近。澄迈：加乐镇产坡村；定安：龙门镇；琼海：石壁镇。生于海拔400 m以下的草丛或矮灌丛中。

【营养成分】成熟果实可食用，果实中含有粗蛋白、粗脂肪、酚类、β-胡萝卜素和维生素C，以及多种氨基酸，包括17种游离氨基酸含有8种人体必需氨基酸，以精氨酸、赖氨酸、亮氨酸含量较高。含有8种人体必需氨基酸。

【其他价值】（1）药用价值　毛稔具有清热解热、活血止血的功效。果实和种子含有黄酮苷类化合物，具有较高的抗氧化能力。野牡丹属植物提取物的成分主要就是黄酮类、酚酸类、水溶性鞣质、多糖、氨基酸等。研究证明这些化合物具有自由基清除、抗氧化、抗血小板聚集、抗菌、抗炎、镇痛等多种生物活性，黄酮类是其中主要的药效成分。（2）观赏价值　毛稔植株挺拔，花大美丽，是优良的观花和观果植物，可作庭园孤植树、群植或行道树，观赏效果良好。

96. 谷木

【拉丁学名】*Memecylon ligustrifolium* Champ. ex Benth.

【形态特征】大灌木或小乔木，高1.5～5m。小枝圆柱形或不明显的四棱形，分枝多。叶片革质，椭圆形至卵形，或卵状披针形，顶端渐尖，钝头，基部楔形，长5.5～8cm，宽2.5～3.5cm，全缘，两面无毛，粗糙，叶面中脉下凹，侧脉不明显，背面中脉隆起，侧脉与细脉均不明显；叶柄长3～5mm。聚伞花序，腋生或生于落叶的叶腋，长约1cm，总梗长约3mm；苞片卵形，长约1mm；花梗长1～2mm，基部及节上具髯毛；花萼半球形，长1.5～3mm，边缘浅波状4齿；花瓣白色或淡黄绿色，或紫色，半圆形，顶端圆形，长约3mm，宽约4mm，边缘薄；雄蕊蓝色，长约4.5mm，药室及膨大的圆锥形药隔长1～2mm；子房下位，顶端平截。浆果状核果球形，直径约1cm，密布小瘤状突起，顶端具环状宿存萼檐。花期5～8月，果期12月至翌年2月。海南省果期约在10月。

【地理分布】海南三亚：甘什岭；乐东：鹦哥岭、尖峰岭；东方：东河镇南浪村九龙山；昌江：霸王岭；白沙：元门乡；五指山（市）：水满乡、同甲村毛祥山；陵水：吊罗山；万宁：兴隆镇农场、青皮林博房岭；琼中：太平乡、黎母山、和平镇长沙村；定安：母瑞山。生于海拔150～1500m密林下。

【营养成分】果实成熟时可食用，目前并未见到关于海南谷木果实中营养成分的研究报道。

【其他价值】（1）药用价值 谷木的枝、叶有活血祛瘀的功效。（2）观赏价值 谷木树冠常绿，叶、花、果都有观赏价值，其叶片光亮夺目，枝条耐修剪、萌芽力强，花虽小，但数量多且颜色为容易引人注意的蓝紫色，果实在成熟过程中逐渐从绿白色红色变成粉红色，观赏性高，是一种优良的园林景观树种。（3）经济价值 谷木属的木材是木炭的极好来源。其叶子和花中含有天然色素，可提取制作染料，在工业上可用来给棉织物染色。其树皮灰黄褐，心材紫褐，边材灰黄白，材重硬，难加工，耐腐，可供建筑、车辆、电杆等原材料使用。

97. 黑叶谷木

【拉丁学名】*Memecylon nigrescens* Hook. & Arn.

【形态特征】灌木或小乔木，高 2～8m。小枝圆柱形，无毛，分枝多，树皮灰褐色。叶片坚纸质，椭圆形或稀卵状长圆形，顶端钝急尖，具微小尖头或有时微凹，基部楔形，长 3～6.5cm，宽 1.5～3cm，干时黄绿色带黑色，全缘，两面无毛，光亮，叶面中脉下凹，侧脉微隆起；叶柄长 2～3mm。聚伞花序极短，近头状，有 2～3 回分枝，长 1cm 以下，总梗极短，多花；苞片极小，花梗长约 0.5mm，无毛；花萼浅杯形，顶端平截，长约 1.5mm，直径约 2mm，无毛，具 4 浅波状齿；花瓣蓝色或白色，广披针形，顶端渐尖，边缘具不规则裂齿 1～2 个，长约 2mm，宽约 1mm，基部具短爪；雄蕊长约 2mm，药室与膨大的圆锥形药隔长约 0.8mm，脊上无环状体；花丝长约 1.5mm。浆果状核果球形，直径 6～7mm，干后黑色，顶端具环状宿存萼檐。花期为 5—6 月，果期为 12 月至翌年 2 月。

【地理分布】海南三亚：甘什岭；乐东：千家镇抱梅岭一带、鹦哥岭、尖峰岭；东方：江边乡报英村；昌江：霸王乌烈林场；五指山（市）：同甲村至南圣镇；陵水：吊罗山乡黄家岭；万宁：兴隆镇森林公园、礼纪镇茄新村；屯昌：枫木镇海南树木园；文昌：铜鼓岭；儋州有分布记录。生于海拔 450～1 700 m 的山坡疏、密林中或灌木丛中。

【营养成分】果实成熟时可食用，目前并未见到关于黑叶谷木果实中营养成分的研究报道。

【其他价值】（1）药用价值　目前未见到关于黑叶谷木药理药效的研究报道。（2）观赏价值　黑叶谷木的树冠常绿，叶、花、果都有观赏价值，其叶片光亮夺目，枝条耐修剪、萌芽力强，花虽小，但数量多，花瓣常白色呈伞形簇生在树枝上，异常醒目；果实成熟时黑色，观赏性高，是一种优良的园林景观树种。

98. 棱果谷木

【拉丁学名】*Memecylon octocostatum* Merr. & Chun.

【形态特征】灌木，高1～3m。分枝多，树皮灰褐色；小枝四棱形，棱上略具狭翅，后渐钝。叶片坚纸质或近革质，椭圆形或广椭圆形，顶端广钝急尖，具小尖头，基部广楔形，长1.5～3.5cm，宽7～18mm，全缘，两面无毛，干时叶面黑褐绿色，略具光泽，中脉下凹，背面浅褐色，中脉隆起，侧脉两面微隆起；叶柄长1～2mm。聚伞花序，腋生，极短，长6～8mm，花少，无毛，总梗长2～4mm，苞片钻形，长约1mm；花梗长1～2mm，无毛；花萼钟状杯形，四棱形，长2～2.8mm，无毛，裂片三角形或卵状三角形，长约0.8mm；花瓣淡紫色，卵形，顶端渐尖，近基部具不规则的小齿，长约3mm，宽约1.5mm；雄蕊2.5～3mm，药室与膨大的圆锥形药隔长约1.2mm，脊上具1环状体；花丝长约2.5mm。果扁球形，直径约7mm，有8条隆起且极明显的纵肋，肋粗达1mm，顶端冠以明显的宿存萼檐。花期为5—6月或11月，果期为11月至翌年1月。

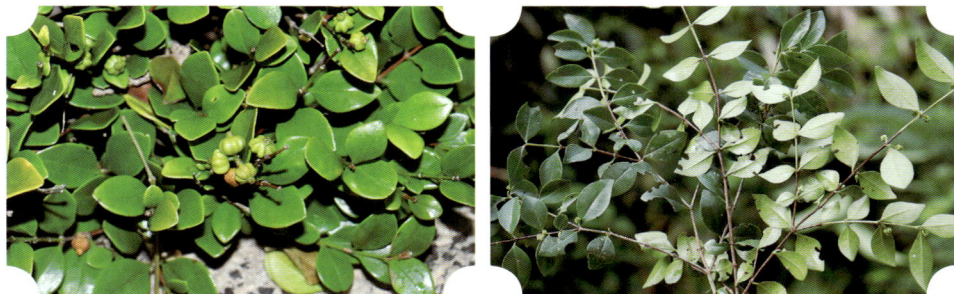

【地理分布】海南三亚：亚龙湾、南山。东方：江边乡冲俄村、东河镇南浪村九龙山、江边乡国界村。昌江：霸王岭乌烈场、佳切山及附近；五指山（市）：毛阳镇毛路村；万宁：六连岭；琼中：和平镇长沙村；文昌：铜鼓岭及附近；海口：苍西村。生于低海拔的山谷，以及山坡疏、密林中。

【营养成分】果实成熟时可食用，目前并未见到关于棱果谷木果实中营养成分的研究报道。

【其他价值】（1）药用价值　目前未见到棱果谷木药理药效相关的研究报道。（2）观赏价值　棱果谷木的树冠常绿，枝、叶、花、果都有观赏价值，其叶片光亮夺目，枝条耐修剪、萌芽力强，花虽小，但数量多，花瓣常呈蓝紫色簇生在树枝上，异常醒目；果实在成熟过程从绿色变成黑色，边上有8条纵肋，形似灯笼，煞是好看，观赏性高，是一种优良的园林景观树种。

99. 细叶谷木

【拉丁学名】*Memecylon scutellatum*（Lour.）Hook. & Arn.

【形态特征】灌木，稀为小乔木，高1.5～4m。树皮灰色，分枝多，小枝四棱形，后呈圆柱形。叶片革质，椭圆形至卵状披针形，顶端钝、圆形或微凹，基部广楔形，长2～5cm，宽1～3cm，两面密布小突起，粗糙，无光泽，无毛，全缘，边缘反卷，侧脉不明显，中脉于叶面下凹，背面隆起。叶柄长3～5mm。聚伞花序腋生，长约8mm或略短，花梗基部常具刺毛；花梗长1～2mm，无毛；花萼浅杯形，长约2mm，直径约3mm，无毛，檐部平截，微波状，具4点尖头；花瓣紫色或蓝色，广卵形。长约2.5mm，宽3mm，1侧

上方具小裂片，背面具棱脊，脊具小尖头；雄蕊长约3mm，药室与膨大的圆锥形药隔长约1mm，脊上具1环状体，花丝长约2mm。浆果状核果球形，直径6～7mm，密布小疣状突起，顶端具环状宿存萼檐。花期为6—8月，果期为次年1—3月。

【地理分布】海南三亚：天涯海角、甘什岭。乐东：鹦哥岭、保国农场；东方：东河镇南浪村；昌江：保梅岭、霸王岭；白沙：元门乡附近；五指山（市）：通什镇；保亭：保城镇毛盖乡排辽村附近、七指岭；万宁：六连岭香车水库附近、兴隆镇南旺村；琼中：营根镇大墩乡附近、红毛镇附近；儋州：和庆镇美万村、龙山农场、兰洋镇莲花山；澄迈：乘坡乡；琼海：石壁镇。生于山坡、平地或缓坡的疏、密林中，以及灌木丛中阳处及水边。

【营养成分】果实成熟时可食用，目前并未见到关于细叶谷木果实中营养成分的研究报道。

【其他价值】（1）药用价值　细叶谷木的叶有解毒消肿功效。（2）观赏价值　细叶谷木的树冠常绿，枝、叶、花、果都有观赏价值。是一种优良的园林景观树种。

三十、橄榄科（Burseraceae）

橄榄属（Canarium）

100. 橄榄

【拉丁学名】*Canarium album* (Lour.) Raeusch.

【形态特征】乔木，高10～25m。小枝粗5～6mm，幼部被黄棕色茸毛，很快变无毛；髓部周围有柱状维管束，稀在中央亦有若干维管束。有托叶，仅芽时存在，着生于近叶柄基部的枝干上。小叶3～6对，纸质至革质，披针形或椭圆形，长6～14cm，宽2～5.5cm，无毛或在背面叶脉上散生了刚毛，背面有极细小疣状突起；先端渐尖至骤狭渐尖，尖头长约2cm，钝；基部楔形至

圆形，偏斜，全缘；侧脉12～16对，中脉发达。花序腋生，微被茸毛至无毛；雄花序为聚伞圆锥花序，长15～30cm，多花；雌花序为总状，长3～6cm，具花12朵以下。花疏被茸毛至无毛，雄花长5.5～8mm，雌花长约7mm；花萼长2.5～3mm，在雄花上具3浅齿，在雌花上近截平；雄蕊6，无毛，花丝合生1/2以上；花盘在雄花中球形至圆柱形，高1～1.5mm，微6裂，中央有穴或无，上部有少许刚毛；在雌花中环状，略具3波状齿，高1mm，厚肉质，内面有疏柔毛。雌蕊密被短柔毛；在雄花中细小或缺。果序长1.5～15cm，具1～6果。果萼扁平，直径0.5cm，萼齿外弯。果卵圆形至纺锤形，横切面近圆形，长2.5～3.5cm，无毛，成熟时黄绿色；外果皮厚，干时有皱纹；果核渐尖，横切面圆形至六角形，在钝的肋角和核盖之间有浅沟槽，核盖有稍凸起的中肋，外面浅波状；核盖厚1.5～2mm。种子1～2枚，不育室稍退化。花期为4—5月，果在10—12月成熟。

【地理分布】海南三亚：雅林村（原洋林村）；乐东：利国镇白石岭、尖峰岭；昌江：七叉岭、峨珈山；五指山（市）：南圣镇至同甲村；保亭：七指岭；万宁：兴隆镇南旺水库附近、兴隆镇牛牯田；陵水：吊罗山；儋州：洛南村、莲花山；澄迈：白石岭；文昌：铜鼓岭。生于海拔1 300米以下的沟谷和山坡杂木林中。

【营养成分】橄榄果实可食用，口感较生涩，风味独特，可鲜食，亦可加工成果脯蜜饯、橄榄汁、咸橄榄后食用，其所含营养成分丰富。果肉营养价值高，含有多种氨基酸、脂肪、有机酸、维生素及矿物质元素等营养物质，也含有多酚类和黄酮类等生物活性成分。橄榄果肉蛋白质中的氨基酸种类组成比较齐全，共测得19种氨基酸，其中有8种为人体必需氨基酸；含有丰富的脂肪酸成分，包括月桂酸、肉豆蔻酸、棕榈酸等；其中的亚油酸、亚麻酸是人体必需的脂肪酸。棕榈酸、油酸和亚油酸含量相对较高。果实中有苹果酸、柠檬酸、酒石酸等有机酸；还有维生素C、维生素B_1、维生素B_2、烟酰胺等多种维生素，以及Ca、P、Fe、Mn、Cu、Zn、Ni、Cr等矿物质元素；其中Ca含量远远高于苹果、香蕉、柿子等水果；糖类主要为蔗糖和果糖，还包括少量的葡萄糖、棉籽糖和麦芽糖。

【其他价值】（1）药用价值　橄榄是原国家卫生部批准的药食同源的物品之一，其味甘酸，性平，开胃、下气、止泻，有清热解毒、利咽化痰、生津

止渴、除烦醒酒之功效。研究表明，其含有黄酮类化合物、多酚类化合物、三萜类化合物、挥发性芳香化合物等，具有解酒护肝、抗衰老、抗氧化、调血脂、抗辐射、抗炎抑菌、抗病毒等生物活性。（2）观赏价值　橄榄终年常绿，粗生易管，是适宜于改造低产林，绿化荒山荒地，提高土地创值率的优良果树。（3）经济价值　橄榄除可生食外，还可加工成多种凉果，以及橄榄菜和咸橄榄等；种仁可食，亦可榨油，油可用于制肥皂或作润滑油；橄榄果核可用于雕刻。

101. 乌榄

【拉丁学名】*Canarium pimela* K. D. Koenig.

【形态特征】乔木，高达20m。小枝粗10mm，干时紫褐色，髓部周围及中央有柱状维管束。无托叶。小叶4～6对，纸质至革质，无毛，宽椭圆形、卵形或圆形，稀长圆形，长6～17cm，宽2～7.5cm，顶端急渐尖，尖头短而钝；基部圆形或阔楔形，偏斜，全缘；侧脉11对，网脉明显。花序腋生，为疏散的聚伞圆锥花序，无毛；雄花序多花，雌花序少花。花几无毛，雄花长约7mm，雌花长约6mm。萼在雄花中长2.5mm，明显浅裂，在雌花中长3.5～4mm，浅裂或近截平；花瓣在雌花中长约8mm。雄蕊6，无毛，在雄花中近1/2、在雌花中1/2以上合生。花盘杯状，高0.5～1mm，流苏状，边缘及内侧有刚毛，雄花中的为肉质，中央有一凹穴；雌花中的薄，边缘有6个波状浅齿。雌蕊无毛，在雄花中不存在。果序长8～35cm，有果1～4个；果具长柄，果萼近扁平，直径8～10mm，果成熟时紫黑色，狭卵圆形，长3～4cm，直径1.7～2cm，横切面圆形至不明显的三角形；外果皮较薄，干时有细皱纹。果核横切面近圆形，核盖厚约3mm，平滑或在中间有1不明显的肋凸。种子1～2枚；不育室适度退化。花期为4—5月，果期为5—11月。

【地理分布】海南白沙：南开乡高峰村委会道银村鹦哥岭；陵水：吊罗山；生于中海拔林中。

【营养成分】乌榄果实可供生食，为岭南果品之一，含有丰富的营养物质，其中水分含量占一半以上，还包括蛋白质、氨基酸、维生素C、矿物质元素、糖类、粗脂肪等；其中氨基酸有17种，包括苏氨酸、缬氨酸和苯丙氨酸等人体必需的7种氨基酸，精氨酸和组氨酸等2种半必需氨基酸及其他氨基酸，种类较齐全；维生素C含量丰富；果实含有Na、Ca、Mg、Fe、Mn、Mo等人体必需矿物质元素。

【其他价值】（1）药用价值 乌榄味酸、涩，性平、无毒，有止血、利水、解毒之功效。其根、叶和种仁均可入药，具有舒筋活络、驱风除湿的功效；其叶有清热解毒、消肿止痛之功效。现代药理研究表明，乌榄果中具有莽草酸、槲皮素、山奈酚、豆甾醇等多种化学成分，具有快速降压效

应和减慢心率的作用；乌榄叶挥发油含量丰富，成分复杂，其中单萜类化合物和倍半萜类化合物较多。具抗氧化活性，可作为天然香料、抗氧化剂资源。(2) 观赏价值　树姿半开张，树冠圆头形，对土壤要求不严，还可作为行道树栽植。(3) 经济价值　果肉还可作菜肴，榄核可用于雕刻各种艺术品、炼制活性炭等，而榄仁（种子）可用作点心的配料、榨油。

三十一、漆树科（Anacardiaceae）

南酸枣属（*Choerospondias*）

102. 南酸枣

【拉丁学名】*Choerospondias axillaris* (Roxb.) B. L. Burtt. & A.W. Hill.

【形态特征】落叶乔木，高8～20m。树皮灰褐色，片状剥落，小枝粗壮，暗紫褐色，无毛，具皮孔。奇数羽状复叶长25～40cm，有小叶3～6对，叶轴无毛，叶柄纤细，基部略膨大；小叶膜质至纸质，卵形或卵状披针形或卵状长圆形，长4～12cm，宽2～4.5cm，先端长渐尖，基部略偏斜，阔楔形或近圆形，全缘或幼株叶边缘具粗锯齿，两面无毛或稀叶背脉腋被毛，侧脉8～10对，两面突起，网脉细，不显；小叶柄纤细，长2～5mm。雄花序长4～10cm，被微柔毛或近无毛；苞片小；花萼外面疏被白色微柔毛或近无毛，裂片三角状卵形或阔三角形，先端钝圆，长约1mm，边缘具紫红色腺状睫毛，里面被白色微柔毛；花瓣长圆形，长2.5～3mm，无毛，具褐色脉纹，开花时外卷；雄蕊10，与花瓣近等长，花丝线形，长约1.5mm，无毛，花药长圆形，长约1mm，花盘无毛；雄花无不育雌蕊；雌花单生于上部叶腋，较大；子房卵圆形，长约1.5mm，无毛，5室，花柱长约0.5mm。核果椭圆形或倒卵状椭圆形，成熟时黄色，长2.5～3cm，径约2cm，果核长2～2.5cm，径1.2～1.5cm，顶端具5个小孔。

【地理分布】海南三亚：荔枝沟落笔洞；东方：东河镇南浪村九龙山；昌江：霸王岭；白沙：元门乡红茂村、那邦村附近。五指山（市）：南圣镇同甲村；琼中：和平镇长沙村；儋州：南丰镇纱帽岭；澄迈：古东村白石岭及附近。生于山地疏林中。

【营养成分】南酸枣成熟果实甜酸，果肉有黏液，枣皮具有酸涩味，不仅可以生食，同时也可以酿酒或者加工为酸枣糕，其果实中主要含有蛋白质、氨基酸、有机酸、糖类物质，以及多种矿物质元素、脂肪、膳食纤维、胡萝卜、维生素等营养成分，还有单宁、皂苷和色素等生物活性成分；种仁含有丰富的脂肪、蛋白质等营养物质。果皮中单宁含量较高，果胶、糖分和维生素等物质含量也相当丰富。果肉中蛋白质含量比葡萄、草莓高，其中有18种氨基酸，包括人体必需的8种氨基酸，氨基酸的种类齐全，配比较合理。含有的矿物质元素共有14种，包括Mo、Mn、Fe、Al、K、Na、Ca、Mg、Cu、Zn、Pb、P、B、Se；其中Fe、Cu、K、P、Zn等生命元素含量较为丰富；此外，还含有21种有机酸，其中以柠檬酸、酒石酸、苹果酸和葡萄糖酸等为主要成分。

【其他价值】（1）药用价值　南酸枣鲜果具有助消化、增食欲、治疗食滞腹痛、便秘等功效。果皮有止血止痛的作用；果核有清热解毒、驱蚊蝇、杀虫收敛、治疗烫火伤等功效；种仁生食有润肺、滋补和安神等作用。从南酸枣果实中提取的黄酮有抗心律失常的作用，对动物耐缺氧和急性心肌缺血有良好的保护作用。南酸枣果核可以作为重要的活性炭原料，树叶可作成天然绿肥，树皮则可以作为栲胶的原料。（2）经济价值　其木材结构略粗，木材花纹美观且材质柔韧，是一种重要的乡土用材树种；萌芽力强，生长迅速，可以适应不同的土壤环境，是我国南方优良的速生用材树种。由于抗污染能力强，在城市防污方面，尤其是在庭院种植以及绿化中，南酸枣也是比较好的选择。

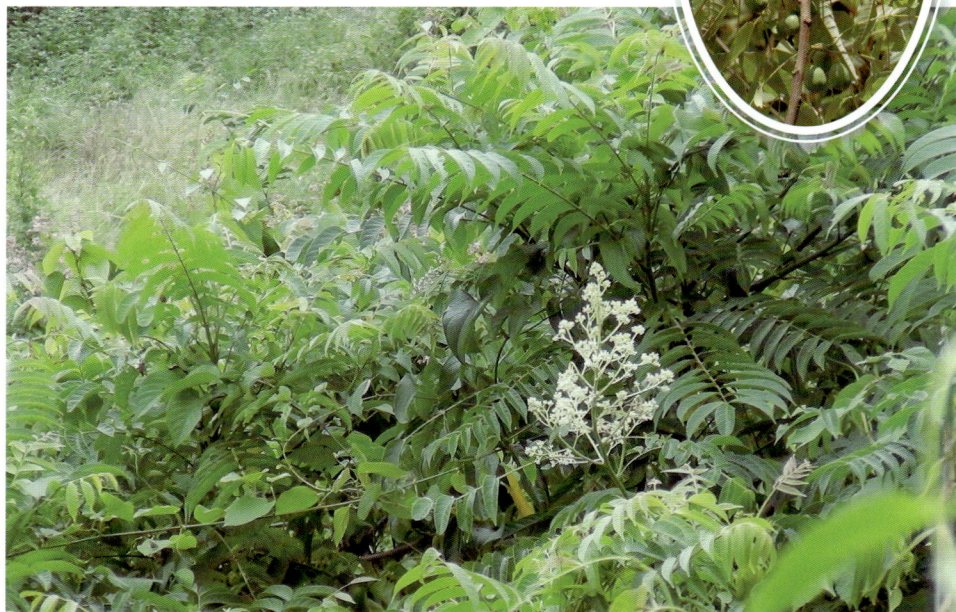

人面子属（*Dracontomelon*）

103. 人面子

【拉丁学名】*Dracontomelon duperreanum* Pierre

【形态特征】常绿大乔木，高达20余m。幼枝具条纹，被灰色茸毛。奇数羽状复叶长30～45cm，有小叶5～7对，叶轴和叶柄具条纹，疏披毛；小叶互生，近革质，长圆形，自下而上逐渐增大，长5～14.5cm，宽2.5～4.5cm，先端渐尖，基部常偏斜，阔楔形至近圆形，全缘，两面沿中脉疏被微柔毛，叶背脉腋具灰白色髯毛，侧脉8～9对，近边缘处弧形上升，侧脉和细脉两面突起；小叶柄短，长2～5mm。圆锥花序顶生或腋生，比叶短，长10～23cm，疏被灰色微柔毛；花白色，花梗长2～3mm，被微柔毛；萼片阔卵形或椭圆状卵形，长3.5～4mm，宽约2mm，先端钝，两面被灰黄色微柔毛，花瓣披针形或狭长圆形，长约6mm，宽约1.7mm，无毛，芽中先端彼此黏合，开花时外卷，具3～5条暗褐色纵脉；花丝线形，无毛，长约3.5mm，花药长圆形，长约1.5mm；花盘无毛，边缘浅波状；子房无毛，长2.5～3mm，花柱短，长约2mm。核果扁球形，长约2cm，径约2.5cm，成熟时黄色，果核压扁，径1.7～1.9cm，上面盾状凹入，5室，通常1～2室不育；种子3～4颗。

【地理分布】海南乐东：利国镇白石岭；海口：城东乡。生于海拔120～350m的林中。

【营养成分】人面子果实熟时黄色，可食用，果肉白色，黏质，味酸甜，未成熟果实可加工成果浆，果肉还可做盐渍菜或制其他食品，目前尚未见到关于其果实营养成分的报道，其营养价值还有待研究。

【其他价值】(1) 药用价值　人面子果实、果核、叶及根皮均有药用价值，根皮味苦、性凉，具有解毒消痈功能。其提取物中含苯甲酮、胡椒基胺、二十六烷、醇类、吡咯类、呋喃类、烷酸类和烯酸类等化合物，具有灭蚊等生物活性。(2) 观赏价值　人面子核果上有五个大小不等的发芽孔，酷似人的面孔，故称人面子，其抗风、抗大气

污染，生长迅速、萌芽能力强，寿命达百年以上，其树干通直，枝叶茂密，冠幅美观，远看树形如展开的巨伞，树姿优美庄重，叶色四季翠绿光鲜，绿荫与美化的效果甚佳，是优良的庭园绿化树种，也是适合作行道树或广场孤植、对植的优良乡土树种。（3）经济价值　人面子木材通直致密、材色灰褐有光泽且耐朽力强，木材加工容易，成品表面光洁度高，心材花纹类似核桃木，为车船、建筑与家具的优良用材；种子含油量为70％左右，可以榨油制肥皂或制作润滑油。

槟榔青属（*Spondias*）

104. 岭南酸枣

【拉丁学名】*Spondias lakonensis* Pierre

【形态特征】落叶乔木，高8～15m。小枝灰褐色，疏被微柔毛，粗4～6mm。叶互生，奇数羽状复叶长25～35cm，有小叶5～11对，叶轴和叶柄圆柱形，疏被微柔毛；小叶对生或互生，长圆形或长圆状披针形，长6～10cm，宽1.5～3cm，先端渐尖，基部明显偏斜，阔楔形至圆形，全缘，幼叶叶面疏被微柔毛，后变无毛，叶背脉上或脉腋被微柔毛，叶面干后变暗褐色，侧脉8～10对，斜升，近边缘处弧形弯曲，不形成边缘脉；小叶柄短，长约2mm，被微柔毛。圆锥花序腋生，长15～25cm，被灰褐色微柔毛，分枝疏散；苞片小，钻形或卵形，长0.5～1mm；被微柔毛；花小，白色，密集于花枝顶端；花梗纤细，长2.5～3.5mm，近基部有关节，被微柔毛；花萼被微柔毛，长约0.6mm，近中部5齿裂，裂片三角形，先端钝；花瓣长圆形或卵状长圆形，长约2.5mm，宽约1mm，无毛，具3脉，开花时花瓣下倾，先端和边缘内卷；雄蕊8～10，花丝线形，长约2.5mm，与花瓣等长，花药长圆形，长约1mm；花盘无毛，边缘波状；心皮4，稀5，合生，子房4室，花柱1，无毛。核果倒卵状或卵状正方形，长8～10mm，宽6～7mm，成熟时带红色，中果皮肉质，味甜可食，果核木质，近正方形，4个侧面略凹，顶端具4角和9个凹点，横切面近正方形，子房室与薄壁组织腔互生，每室具1种子；种子长圆形，种皮膜质。

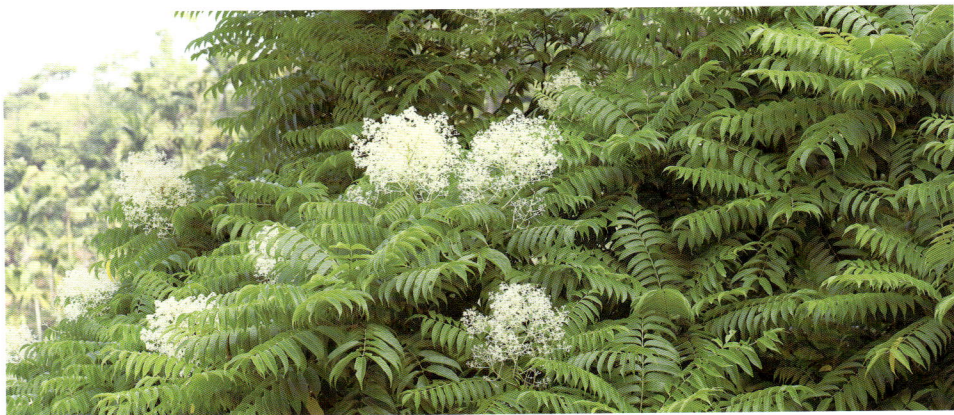

【地理分布】海南三亚：吉阳镇罗蓬村；乐东：尖峰岭；昌江：王下乡；白沙：元门乡附近；万宁：南桥镇长命田村至南林乡八一队一带；儋州：南丰镇纱帽岭；澄迈：古东村白石岭及附近。生于向阳山坡疏林中。

【营养成分】岭南酸枣成熟果实酸甜可食，有酒香，目前未见关于其果实营养成分的研究报道；但有研究表明，其同属植物果实中，水分所占比例较大，含有粗脂肪、总糖、蛋白质、丰富的维生素A、维生素B$_1$、维生素B$_2$、维生素C以及Ca、P、Fe等矿物质元素；如槟榔青果实亦可作为野生水果食用，它的果实富含丰富的营养物质，包括单宁、淀粉、粗脂肪、胡萝卜素、维生素B$_1$、维生素C等；岭南酸枣中或许含有相似营养成分。在印度，其同属植物的果实可新鲜食用、烹调或制成其他产品，未成熟的水果还可制成果冻、泡菜、酸辣酱或调味品，或用于调味汁、汤和炖菜。

【其他价值】(1) 药用价值　目前未见关于岭南酸枣药理药效的研究报道。岭南酸枣的药用价值有待研究。(2) 观赏价值　其为落叶乔木，树形高大，树冠开展，树叶芳香，羽状叶观赏性高，喜高温、高湿土壤，要求不严，可作庭园绿化树种。(3) 经济价值　其种子可榨油，可用于制作肥皂。在印度，其同属植物的花因为味酸而被用于咖喱中作调味品。木材软而轻，不耐腐，质量较低劣，适合用于生产火柴、火柴盒、铅笔、笔架、包装箱、房屋和船只内部护套等。

105. 槟榔青

【拉丁学名】*Spondias pinnata* (L. f.) Kurz.

【形态特征】落叶乔木，高10～15m，小枝粗壮，黄褐色，无毛，具小皮孔。叶互生，奇数羽状复叶长30～40cm，有小叶2～5对，叶轴和叶柄圆柱形，无毛，叶柄长10～15cm；小叶对生，薄纸质，卵状长圆形或椭圆状长圆形，长7～12cm，宽4～5cm，先端渐尖或短尾尖，基部楔形或近圆形，多少偏斜，全缘，略背卷，两面无毛，侧脉斜升，密而近平行，在边缘内彼此连结成边缘脉，距边缘约1mm，侧脉在叶面略凹，叶背突起，网脉不显；小叶柄短，长3～5mm。圆锥花序顶生，长25～35cm，无毛，基部分枝长10～15cm，花小，白色；无梗或近无梗，基部具苞片和小苞片；花萼无毛，裂片阔三角形，长约0.5mm；花瓣卵状长圆形，长约2.5mm，宽约1.5mm，先端急尖，内卷，无毛；雄蕊10，比花瓣短，长约1.5mm；花盘大，10裂；子房无毛，长约1.3mm。核果椭圆形或椭圆状卵形，成熟时黄褐色，大，长3.5～5cm，径2.5～3.5cm，中果皮肉质，内果皮外层为密集纵向排列的纤维质和少量软组织，无刺状突起，里层木质坚硬，有5个薄壁组织消失后的大空腔。花期为3—4月，果期为5—9月。

【地理分布】海南三亚：甘什岭、雅林村（原洋林村）；乐东：尖峰岭；东方：东河镇南浪村九龙山；昌江：霸王岭、佳切山及附近。白沙：元门乡附近；保亭：七仙岭；陵水：吊罗山。常生于海拔60～200m的干燥坡地。

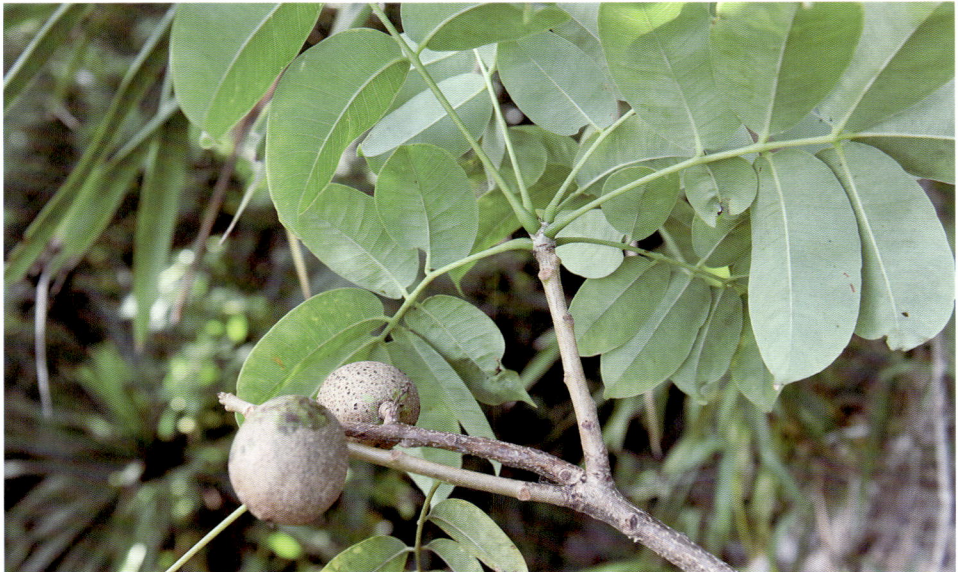

【营养成分】槟榔青果实可作为野生水果食用，味酸涩，气香，食后有回味甜，它的果实富含丰富的营养成分，包括单宁、淀粉、粗脂肪、胡萝卜素、维生素B_1、维生素C等。果实还可作蔬菜食用，也可做成干粉，作为食品佐料。

【其他价值】（1）药用价值　槟榔青以果实和茎皮入药，味酸涩、气香，性凉。具有清热解毒、消积止痛、止咳化痰等功效。其药理活性还有待进一步研究。研究表明，其茎皮中含有木栓酮、木栓醇、β-胡萝卜苷、烷醇类化合物等多种化学成分。（2）观赏价值　植株生长适应性强，喜高温、高湿土壤要求不严，耐瘠薄，可作为行道树栽培。（3）经济价值　槟榔青树皮可提栲胶。

三十二、无患子科（Sapindaceae）

鳞花木属（*Lepisanthes*）

106. 赤才

【拉丁学名】*Lepisanthes rubiginosa* (Roxb.) Leenh.

【形态特征】常绿灌木或小乔木，高通常2～3m。有时达7m，树皮暗褐色，不规则纵裂；嫩枝、花序和叶轴均密被锈色茸毛。叶连柄长15～50cm；小叶2～8对，革质，第一对卵形，明显较小，向上渐大，椭圆状卵形至长椭圆形，长3～20cm，顶端钝或圆，很少短尖，全缘，腹面深绿色，稍有光泽，仅中脉和侧脉上有毛，背面干时常变褐色，被茸毛，毛通常很密，很少稀疏；侧脉约10对，末端不达叶缘；小叶柄粗短，长常不及5mm。通常为复总状花序，只有一回分枝，分枝的上部密花，下部疏花；苞片钻形；花芳香，直径约5mm；萼片近圆形，长2～2.5mm；花瓣倒卵形，长约5mm；花丝被长柔毛。果的发育果爿长12～14mm，宽5～7mm，红色。花期在春季，果期在夏季。

【地理分布】海南三亚：田独镇白石岭、吉阳镇榆林村。乐东：尖峰岭；东方：东河镇南浪村九龙山；昌江：霸王岭；白沙：今元门乡附近；保亭：七仙岭；毛感乡千龙洞；万宁：青皮林茄新村、兴隆镇南旺水库；儋州：新盈农场；陵水：吊罗山、南湾岭镇；琼中：红毛镇附近；海口：新潭村。生于低海拔或海边疏林中。

【营养成分】疏果皮肉质，味甜可食。目前尚未见到关于赤才果实营养价值的报道，但有化学研究表明，其水果中含有脂肪酸成分，主要包括棕榈酸、肉豆蔻酸和亚油酸。

【其他价值】(1) 药用价值　赤才的根在我国民间作为强壮剂入药，根、叶还可解热。现代药理研究表明，其叶和茎皮的提取物中含有生物碱、黄酮类、酚类、单宁、皂苷、苷类和甾体类等化合物，具有潜在的抗氧化、镇痛、降血糖功效和止泻活性。其花的主要挥发性成分是橙花醇、棕榈酸等，果实中主要挥发性成分是棕榈酸、肉豆蔻酸和亚油酸，花和果实具有一定的抗菌活性；花还具有抗氧化活性。（2）经济价值　木材具光泽，无特殊气味，纹理直或斜，径面略具交错纹理，结构细，均匀，硬度及重量中等；适用于建筑、船舶、车辆、家具、农具、包装箱盒、玩具、胶合板等。

荔枝属（*Litchi*）

107. 野荔枝

【拉丁学名】*Litchi chinensis* Sonn.

【形态特征】常绿乔木，高通常不超过10m，也有一些可达15m或更高，树皮灰黑色。小枝圆柱状，褐红色，密生白色皮孔。叶连柄长10～25cm或过之；小叶2或3对，较少4对，薄革质或革质，披针形或卵状披针形，有时长椭圆状披针形，长6～15cm，宽2～4cm，顶端骤尖或尾状短渐尖，全缘，腹面深绿色，有光泽，背面粉绿色，两面无毛；侧脉常纤细，在腹面不很明显，在背面明显或稍凸起；小叶柄长7～8mm。花序顶生，阔大，多分枝；花梗纤细，长2～4mm，有时粗而短；萼被金黄色短茸毛；雄蕊6～7，有时8，花丝长约4mm；子房密覆小瘤体和硬毛。果卵圆形至近球形，长2～3.5cm，成熟时通常暗红色至鲜红色；种子全部被肉质假种皮包裹。花期在春季，果期在夏季。

【地理分布】海南昌江：霸王岭；万宁：兴隆镇、大洲岛。生于山地林中。

【营养成分】荔枝果实色、香、味俱佳，肉质洁白，晶莹剔透，汁多味美，营养丰富，而享有"果中之王"的美誉；而野荔枝 *L.chinensis* var. *euspontanea* 原来是荔枝的一个亚种，现已被《中国植物志》归并至荔枝 *L. chinensis* 中，现野荔枝是指荔枝的野生植株，其果实口感较荔枝稍逊。果实中主要含果糖、葡萄糖和蔗糖3种糖，且随成熟度的升高，果实总糖含量升高；含有苹果酸、酒石酸2种有机酸，且随成熟度的升高，总酸呈下降趋势；含维生素、胡萝卜素等，其中维生素C含量随成熟度上升而降低；蛋白质丰富，其中谷蛋白是荔枝蛋白组成的主要部分，氨基酸种类齐全，包含7种必需氨基酸。有一定的抗氧化能力，且随着果实成熟度的提高，总酚与总黄酮均呈下降趋势。

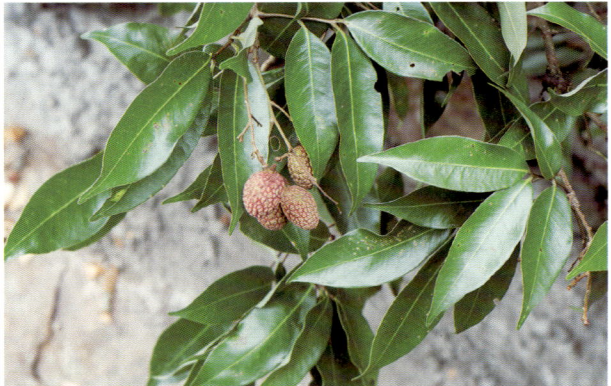

【其他价值】（1）药用价值《本草纲目》记载：荔枝可"止渴、益人

颜色，通神、益智、健气，治瘰疬、瘤赘"。荔枝壳具有生津、治烦渴、理气、止痛、益血、收涩的作用；荔枝根具有解毒消肿、理气止痛的功效。(2) 观赏价值　荔枝是常绿植物，树冠圆润广展、花多、果艳，观赏价值高，亦可用做园林景观树种。(3) 经济价值　荔枝木材坚实，深红褐色，纹理雅致、耐腐，历来为上等名材，广东将野生或半野生的荔枝木材列为特级材，栽培荔枝木材列为一级材，主要作造船、梁、柱、上等家具用。荔枝花多，富含蜜腺，是重要的蜜源植物，荔枝蜂蜜是品质优良的蜜糖之一。目前，我国栽培荔枝品种丰富，全国大约有210个品种，如白糖罂、黑叶、妃子笑、桂味、糯米糍、怀枝等，每年产生极高的经济价值，野荔枝是驯化产生这些栽培品种的基础。

韶子属（*Nephelium*）

108. 海南韶子

【拉丁学名】*Nephelium topengii*（Merr.）H. S. Lo.

【形态特征】常绿乔木，高5～20m。小枝干时红褐色，常被微柔毛。小叶2～4对，薄革质，长圆形或长圆状披针形，长6～18cm，宽2.5～7.5cm，顶端短尖，基部稍钝至阔楔形，全缘，背面粉绿色，被柔毛；侧脉10～15对，直而近平行；小叶柄长5～8mm。花序多分枝，雄花序与叶近等长，雌花序较短；萼长1.5mm，密被柔毛；花盘被柔毛；雄蕊7～8，花丝长3mm，被长柔毛；子房2裂，2室，被柔毛。果椭圆形，红黄色，连刺长约3cm，宽不超过2cm，刺长3.5～5mm。

【地理分布】海南乐东：尖峰岭；昌江：七叉镇金鼓岭；白沙：元门乡附近。五指山：毛阳镇青介村、南圣镇毛祥村、水满乡；保亭：毛感乡仙安石林、三道镇番庭村；陵水：吊罗山；万宁：六连岭、兴隆镇南旺哑巴田；琼中：太平乡吊罗山至三角山路上；澄迈：白石岭及附近。生于低海拔至中海拔山地雨林中。

【营养成分】果实成熟时可食用，味甜至酸甜，果肉甘香甜美，醇厚而多汁。目前尚未见到关于海南韶子营养成分的报道，但是其同属植物红毛丹 *Nephelium lappaceum* 是一种优质的热带水果，富含各种营养物质，其果实中绝大部分为水分，含有可溶性固形物含量，总糖中含有蔗糖、果糖、葡萄糖等可溶性糖，蛋白质，脂肪，膳食纤维，以及维生素C、维生素E及β-胡萝卜素等维生素，以及Ca、Mg、Fe、Cu、Mn、Zn等多种人体必需的矿物质元素；海南韶子在果实的形状与结构均与同属水果红毛丹的果实相似，但具体成分还需进一步研究。其果核有毒，即使炒熟，多食也会引起腹痛，头晕，发热，呕吐等不良反应，食用时应注意，不能误食果核。

【其他价值】（1）药用价值　其果皮和树皮均富含单宁，具有一定的抑菌活性、抗氧化活性、降血糖活性、细胞毒活性等多种生物学活性。（2）经济价值　其木材硬而重，但抗腐性不强，适合作门、窗、家具、农具等用材。

三十三、芸香科（Rutaceae）

山油柑属（*Acronychia*）

109. 山油柑

【拉丁学名】*Acronychia pedunculata* (L.) Miq.

【形态特征】树高5～15m。树皮灰白色至灰黄色，平滑，不开裂，内皮淡黄色，剥开时有柑橘叶香气，当年生枝通常中空。叶有时呈略不整齐对生，单小叶。叶片椭圆形至长圆形，或倒卵形至倒卵状椭圆形，长7～18cm，宽3.5～7cm，或有较小的，全缘；叶柄长1～2cm，基部略增大呈叶枕状。花两性，黄白色，径1.2～1.6cm；花瓣狭长椭圆形，花开放初期，花瓣的两侧边缘及顶端略向内卷，盛花时则向背面反卷且略下垂，内面被毛、子房被疏或密毛，极少无毛。果序下垂，果淡黄色，半透明，近圆球形而略有棱角，径1～1.5cm，顶部平坦，中央微凹陷，有4条浅沟纹，富含水分，味清甜，有小核4个，每核有1种子；种子倒卵形，长4～5mm，厚2～3mm，种皮褐黑色、骨质，胚乳小。花期为4—8月，果期为8—12月。

【地理分布】海南三亚：甘什岭；乐东：利国镇附近、尖峰岭；昌江：七叉镇金鼓岭、霸王岭；白沙：牙叉镇志道村、那放村。五指山（市）：南圣镇至同甲村、五指山；琼中：营根高田村大岭；保亭：大本村、毛感乡仙安石林、七指岭。万宁：南桥镇石梅湾、兴隆镇森林公园。儋州：那大镇、洛南村；澄迈：福山农场、加乐镇长冲岭；定安：龙塘；屯昌：中坤农场；文昌：铜鼓岭。生于低海拔至中海拔疏林中。

【营养成分】山油柑果实成熟时可食

111. 广东酒饼簕

【拉丁学名】*Atalantia kwangtungensis* Merr.

【形态特征】灌木，高 1 ~ 2m。嫩枝绿色，略扁平，有纵棱。单叶，叶片椭圆形、披针形或长圆形，稀倒卵状椭圆形，长 11 ~ 21cm，宽 3 ~ 6cm，稀长达 10cm，两端尖，边脉比侧脉纤细，边缘波浪状，对光透视时油点明显，叶淡绿色，干后叶背带灰黄色。花三或数朵生于长不过 5mm 的总花梗上，腋生；萼片及花瓣均 4 片；花瓣长 3 ~ 5mm，白色；雄蕊 8 枚，两两合生成 4 束，或有时个数在中部以下合生；花柱约与子房等长，柱头稍微增大。果幼嫩时长卵形，成熟时阔卵形或橄榄状，很少圆球形，鲜红色，长 1.3 ~ 1.8cm，横径 0.7 ~ 1cm（圆球形的其直径达 1.5cm），果皮厚约 0.5mm，平滑，油点大，有种子 1 ~ 3 粒；种子长卵形，长 1 ~ 1.5cm，种皮薄膜质，单胚。花期为 6—7 月，果期为 11 月至次年 1 月。

【地理分布】海南三亚：抱龙林场；乐东：鹦哥岭；保亭：七指岭、南林乡枝立岭；琼中：和平镇长沙村；定安：母瑞山；万宁：新丰农场、兴隆镇南旺。生于海拔 100 ~ 400 m 山地常绿阔叶林中。

【营养成分】广东酒饼簕成熟的果实可食用，味甜，其果实含有大量水分。目前未见有关于其果实营养成分的研究报道，但其同属植物酒饼簕 *A. buxifolia* 果实中含有葡萄糖、果糖及蔗糖等几种糖类，其中果糖含量较高；本种的营养成分还有待进一步研究。

【其他价值】（1）药用价值　广东酒饼簕的根、叶有祛风，解表，化痰止咳，行气止痛之功效，可用于治疗疟疾、感冒头痛、咳嗽、风湿痹痛、胃脘寒痛、牙痛。其属植物酒饼簕 *A. buxifolia* 主要含有挥发油、柠檬苦素类、生物碱、香豆素类、黄酮类等复杂多样的化学成分，具有明显的抗菌等生物活性。（2）经济价值　研究表明芸香科植物普遍含有挥发油和多种生物碱，提取的精油可应用在植物病虫害防治以及用于饮料、肥皂、食品、香料、化妆品等不同产品生产。

柑橘属（*Citrus*）

112. 金柑

【拉丁学名】*Citrus japonica* Thunb.

【形态特征】树高3m以内，枝有刺。叶质厚，浓绿，卵状披针形或长椭圆形，长5～11cm，宽2～4cm，顶端略尖或钝，基部宽楔形或近于圆；叶柄长达1.2cm，翼叶甚窄。单花或2～3花簇生；花梗长3～5mm；花萼4～5裂；花瓣5片，长6～8mm；雄蕊20～25枚；子房椭圆形，花柱细长，通常为子房长的1.5倍，柱头稍增大。果椭圆形或卵状椭圆形，长2～3.5cm，橙黄至橙红色，果皮味甜，厚约2mm，油胞常稍凸起，瓢囊5或4瓣，果肉味酸，有种子2～5粒；种子卵形，端尖，子叶及胚均绿色，单胚或偶有多胚。花期为3—5月，果期为10—12月。

【地理分布】海南乐东：尖峰岭；五指山（市）：五指山番亦村；陵水：乘坡镇；琼海：东太农场；万宁：兴隆镇森林公园；三亚、东方、琼中、澄迈有分布记录。生于山地疏林或灌丛中。

【营养成分】 金柑果实成熟时可食用，有较高的营养价值；研究表明，其果实中含有大量的水分、总糖、蛋白质、膳食纤维、果胶、有机酸、脂质；氨基酸有17种，除9种人体必需氨基酸外，还有谷氨酸、天门冬氨酸、半胱氨酸等；脂肪酸包含饱和脂肪酸及不饱和脂肪酸；含多种维生素，包括维生素A、维生素B_1、维生素B_2、维生素B_6、维生素C、维生素E、β-胡萝卜素；Ca、Fe、Mg、P、K、Na、Zn、Cu、Mn等矿物质元素的含量也很丰富。此外，果实亦可泡水饮用，还可做成果汁、果糕、果脯或酿酒。

【其他价值】 （1）药用价值 据《中华本草》记载，金柑的成熟果实性温，味酸、甘，具理气解郁、消食化痰、醒酒之功效。现代植物化学及药理研究表明，其植株内还有黄酮为其活性成分，包括金柑苷、柚皮素、根皮苷、野漆树苷、鼠李糖苷类，此外还有多种功能性成分，包括果皮中的萜烯类挥发性成分、酚酸、类胡萝卜素、类柠檬苦素、香豆素等多种化合物。其中金柑苷至今仅在金柑中有过报道，而且含量较高，为其特征性成分。总的来说，金柑是一种药用价值潜力很大的资源。（2）观赏价值 金柑为花市常见的盆栽果品，民间在春节时用以点缀家居，成熟时满树金黄，极具观赏性。（3）经济价值 金柑叶和金柑果含有挥发油成分，已广泛应用于香料、饮料、食品、化妆品、医药和化学工业品，已开发为金柑利口酒、金枣丹、金柑咀嚼片等。

黄皮属（*Clausena*）

113. 假黄皮

【拉丁学名】*Clausena excavata* Burm. f.

【形态特征】高 1 ~ 2m 的灌木。小枝及叶轴均密被向上弯的短柔毛且散生微凸起的油点。叶有小叶 21 ~ 27 片，幼龄植株的小叶多达 41 片，花序邻近的有时仅 15 片，小叶甚不对称，斜卵形，斜披针形或斜四边形，长 2 ~ 9cm，宽 1 ~ 3cm，很少较大或较小，边缘波浪状，两面被毛或仅叶脉有毛，老叶几无毛；小叶柄长 2 ~ 5mm。花序顶生；花蕾圆球形；苞片对生，细小；花瓣白或淡黄白色，卵形或倒卵形，长 2 ~ 3mm，宽 1 ~ 2mm；雄蕊 8 枚，长短相间，花蕾期时贴附于花瓣内侧，盛花时伸出于花瓣外，花丝中部以上线形，中部曲膝状，下部宽，花药在药隔上方有 1 油点；子房上角四周各有 1 油点，密被灰白色长柔毛，花柱短而粗。果椭圆形，长 12 ~ 18mm，宽 8 ~ 15mm，初时被毛，成熟时由暗黄色转为淡红至朱红色，毛尽脱落，有种子 1 ~ 2 颗。花期为 4—5 及 7—8 月，盛果期为 8—10 月。

【地理分布】海南东方：天安镇雅隆"小桂林"；昌江：王下乡、霸王岭；五指山（市）：毛阳镇

青介村；保亭：毛感乡仙安石林；万宁：青皮林保护站附近；文昌：铜鼓岭及附近；澄迈：昆仑农场；海口：那央村；陵水有分布记录。生于低海拔山坡灌丛或疏林中。

【营养成分】假黄皮果实成熟时可鲜食，但不宜多吃，因为芸香科中可鲜食的种类其果肉味甜或偏酸，但含多种化合物，尤以果皮所含的芳香族化合物，若吃食过量会引致麻舌感，但目前未见关于其营养成分的报道。

【其他价值】（1）药用价值　假黄皮的根皮味辛、苦，性温，具有疏风清热、利湿解毒、截疟之功效。目前，已从假黄皮中分离得到香豆素、生物碱、萜类、挥发油等化学成分，挥发油是其主要化学成分之一。现代药理研究表明，其具有抗菌、抗氧化等作用。（2）观赏价值　假黄皮为常绿灌木，其叶、花、果中均有挥发性芳香成分，花可做蜜源植物，树形平展，果实成熟时朱红色，观赏性极高，适合作园林绿化树种。（3）经济价值　芸香科植物普遍含有挥发油和多种生物碱，提取的精油可应用在植物病虫害防治以及饮料、肥皂、食品、香料、化妆品等不同产品中。

114. 海南黄皮

【拉丁学名】*Clausena hainanensis* C. C. Huang & F. W. Xing.

【形态特征】高2～5m的灌木或小乔木。各部多被柔毛。叶互生，聚生于枝顶部，通常有小叶25～37片，小叶互生，有时对生，位于叶轴下部的较小，有时近圆形，最小的长与宽均约4mm，向顶部的渐增宽且延长，斜椭圆形，长达20mm，宽约10mm，两端钝，或基部甚短尖，两边明显不对称，边缘浅波浪状，中脉在叶面稍凹陷，侧脉每边5～8条，在叶缘附近上下连接，形成与叶缘近于平行的边脉；小叶柄长约1mm。果序顶生，狭窄的圆锥状，长约5cm；果萼4裂，裂瓣半圆形，长不及0.5mm，果椭圆形，长8mm，宽5mm，淡黄色，被毛，有油点。果期为7—8月。

【地理分布】海南东方：江边乡白查村、东河镇南浪村九龙山；昌江：王下乡；保亭：毛感乡仙安石林。生于石灰岩山地。

【营养成分】海南黄皮果实成熟时可食用，但目前未见关于其营养成分的报道。但据资料显示，其同属植物黄皮 *C. lansium* 果实的营养丰富，富含挥发油、果胶、维生素C、有机酸、氨基酸等物质，其中所含的氨基酸种类在18种以上，此外还有蛋白质、脂肪、碳水化合物以及Ca、P等矿物质元素。

【其他价值】(1) 药用价值　海南黄皮枝叶提取物中含有生物碱类、酚酸类、异香豆素、香豆素类以及倍半萜类等多种化合物，具有显著的抗氧化活性。而在民间，黄皮属植物药用历史悠久。(2) 观赏价值　海南黄皮树形平展，观赏性高，适合作园林绿化树种。(3) 经济价值　海南黄皮为常绿的高大灌木，其叶、花、果中均有挥发性芳香成分，花可做蜜源植物。

115. 黄皮

【拉丁学名】*Clausena lansium* (Lour.) Skeels.

【形态特征】小乔木，高达12m。小枝、叶轴、花序轴、尤以未张开的小叶背脉上散生甚多明显凸起的细油点且密被短直毛。叶有小叶5～11片，小叶卵形或卵状椭圆形，常一侧偏斜，长6～14cm，宽3～6cm，基部近圆形或宽楔形，两侧不对称，边缘波浪状或具浅的圆裂齿，叶面中脉常被短细毛；小叶柄长4～8mm。圆锥花序顶生；花蕾圆球形，有5条稍凸起的纵脊棱；花萼裂片阔卵形，长约1mm，外面被短柔毛，花瓣长圆形，长约5mm，两面被短毛或内面无毛；雄蕊10枚，长短相间，长的与花瓣等长，花丝线状，下部稍增宽，不呈曲膝状；子房密被直长毛，花盘细小，子房柄短。果圆形、椭圆形或阔卵形，长1.5～3cm，宽1～2cm，淡黄至暗黄色，被细毛，果肉乳白色，半透明，有种子1～4粒；子叶深绿色。花期为4—5月，果期为7—8月。产海南的其花果期均提早1～2个月。

【地理分布】海南三亚：南山，乐东：龙虾岭；白沙：牙叉镇志道村；万宁：兴隆镇牛牯田；琼中：和平镇长沙村附近；儋州：那大镇、南丰镇纱帽岭一带；澄迈：古东村白石岭及附近；文昌：翁田镇。多栽培于庭院中及乡镇房屋边。

【营养成分】果实成熟时可鲜食，酸甜可口，芳香馥郁，在海南地区亦有用盐腌制后食用。其果实的营养丰富，素有"果中之宝"之称。据研究报道，其果实中水分占最主要部分，还富含挥发油、蛋白质、脂肪、碳水化合物、膳食纤维、果胶、维生素、有机酸、氨基酸等物质；碳水化合物主要由单糖、双糖和多糖组成；可溶性膳食纤维由阿拉伯糖、葡萄糖、半乳糖、甘露糖4种单糖组成；维生素包含维生素C、维生素B_1、维生素B_2、维生素E、胡萝卜素、烟酸等多种类型；有机酸种类十分丰富，共有14种，可分成脂肪族羧酸类、糖衍生的有机酸类及酚酸类等3类，主要有机酸为柠檬酸、草酸和苹果酸；所

赏价值 光滑黄皮为常绿的高大灌木，其叶、花、果中均有挥发性芳香成分，花量大，可做蜜源植物，树形平展，观赏性高，适合作园林绿化树种。(3) 经济价值 芸香科植物普遍含有挥发油和多种生物碱，提取的精油可应用于植物病虫害防治以及饮料、肥皂、食品、香料、化妆品等不同产品。

金橘属（*Fortunella*）

117. 霸王金橘

【拉丁学名】*Fortunella bawangica* C. C. Huang.

【形态特征】高约4m的小乔木，当年生枝两侧压扁状，刺长达4cm。小叶椭圆形或卵形，长4～7cm，宽2～3cm，位于小枝顶部的长2cm，宽1cm，萌发枝的叶长达10cm，两端近于圆或顶部圆而基部钝，叶缘中部以下有明显的钝裂齿；叶柄长3～5mm，萌发枝上的叶长达17mm。花单朵腋生；花梗长约5mm，结果时长达10mm；花萼裂片长约1mm；花瓣长圆形或披针形，长约7mm；雄蕊20～25枚，花丝在基部合生成束或合生至中部以上，花药有少数无花粉；子房卵状，花柱短，柱头头状；果梗粗约2mm，果呈梨形，基部狭窄呈短柄状或近球形，长22～25mm，宽18～22mm，5～7室，每室有种子1～2粒；种子卵形，基部圆，顶端尖，平滑，子叶绿色，单胚。

【地理分布】海南昌江：霸王岭。生于海拔约1 200m山地林中。

【营养成分】霸王金橘果实成熟时可鲜食，目前尚未见到其营养成分的有关报道。但有研究表明，其近源植物金橘*Citrus japonica*的果实有较高的营养价值，含有大量的水分、总糖、蛋白质、多种氨基酸、膳食纤维、果胶、有机酸、脂质、脂肪酸，多种维生素，包括维生素A、维生素B_1、维生素B_2、维生素B_6、维生素C、维生素E、β-胡萝卜素，以及Ca、Fe、Mg、P、K、Na、Zn、Cu、Mn等矿物质元素的含量丰富，可给霸王金橘果实所含营养成分研究提供参考。

【其他价值】（1）药用价值　目前尚未见到关于霸王金橘药用功效的有关报道。（2）经济价值　金橘属植物与柑橘属植物的亲缘关系最密切，该属植物可与枳属及柑橘属自然杂交，可作为种质资源，应用于优良果种的培育；且该属植物观赏性高，可用于盆栽及园林绿化树种。

山小橘属（*Glycosmis*）

118. 山橘树

【拉丁学名】*Glycosmis cochinchinensis* (Lour.) Pierre.

【形态特征】小乔木或灌木。新梢常呈两侧压扁状，嫩芽及花梗被褐锈色微柔毛。叶为单叶，纸质或近革质，形状及大小差异甚大；近圆形，阔椭圆形，卵形，长圆形或披针形，长4～26cm，宽2～8cm，最小的长2～3cm，宽1～2cm，顶部圆、钝、短尖至渐尖，基部圆、钝、楔尖至渐狭尖，全缘，无毛，干后颜色暗或淡黄绿色而略光亮，中脉在叶面平坦或微凸起；叶柄长3～10mm，干后与叶背中脉同色而与小枝的色泽不同。花序腋生或腋生兼顶生，通常多花密集成簇，很少单花或3～5花着生于甚短的总花梗上，或长达5cm的圆锥花序上。花序轴初时被褐锈色微柔毛，花梗甚短；萼裂片卵形，长不及1mm；花瓣白色，长约3mm，外面很少被毛；雄蕊10枚，近等长，药隔顶端有突起的油点，花丝由上向下逐渐增宽；子房初时圆柱状或长卵形，稍

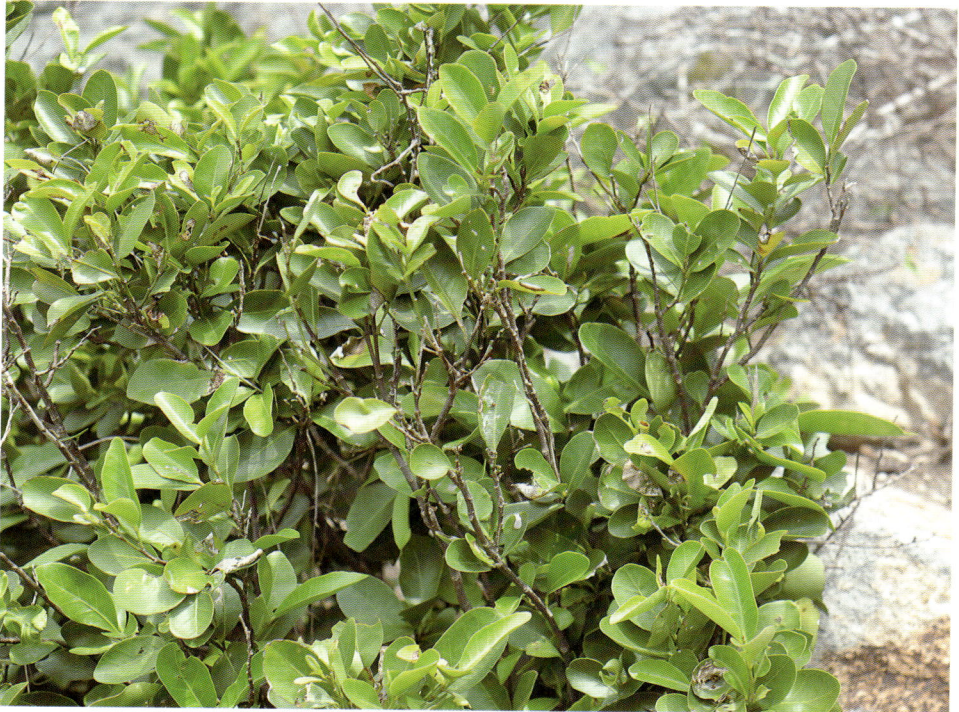

后横向生长加速，故呈阔卵形或圆球形，花柱甚短且狭窄，柱头稍增大，子房柄明显。果径8～14mm，淡红色，果皮有半透明油点。花、果期几乎全年。

【地理分布】海南三亚：福万水库；甘什岭；乐东；尖峰岭；东方：江边乡冲俄村；昌江：七叉镇、乌烈林场；保亭：七指岭；陵水：吊罗山乡白水岭、南湾岭；万宁：兴隆镇南旺、兴隆镇森林公园；琼中：和平镇长沙村附近、黎母山；儋州：兰洋镇莲花山；澄迈：古东村白石岭及附近、颜春岭；屯昌：枫木镇、新兴林场；文昌：翁田镇；海口：永兴镇永秀村、府城五公祠；琼海有分布记录。生于疏林中。

【营养成分】山橘树的果实可供食用，但目前未见关于其营养成分的报道。

【其他价值】(1) 药用价值　山橘树的根、叶、果实可入药，有止咳行气功效，用于治疗食积腹痛、跌打损伤、感冒咳嗽。研究表明其枝条中含有生物碱类、喹诺酮类等化合物，具有抗菌活性。(2) 观赏价值　山小橘属植物常绿，同一植株上可能同时存在单叶、单小叶和复叶，复叶中又有2～7小叶不等，叶型多变；果实多为圆形且半透明的粉红色浆果，观赏性高，适合作园林绿化树种。

119. 光叶山小橘

【拉丁学名】*Glycosmis craibii* Tanaka var. *glabra* (W. G. Craib) Tanaka

【形态特征】小乔木，高达5m。叶有小叶3～5片，有时2片；小叶柄长2～6mm；小叶硬纸质，长椭圆形、披针形或卵形，小的长5～10cm，宽2～3cm，大的长达17cm，宽7cm，顶部渐尖或短尖，基部渐狭尖或阔楔尖，全缘，叶缘浅波浪状起伏，叶面中脉下半段凹陷呈沟状，叶背沿中脉及其两侧散生甚疏少而早脱落的褐锈色粉末状微柔毛，侧脉每边6～9条，甚纤细。花序很少达4cm，腋生兼顶生；花梗甚短，与花萼裂片同被早落的褐锈色微柔毛；花萼裂片卵形，长不及1mm；花瓣甚早脱落，长约3mm；雄蕊10枚，近于等长，花丝自上而下逐渐增宽，或同时兼有上宽下窄的，药隔背面及顶端各有1油点；子房在花蕾时为圆柱状或狭卵形，花开放后迅速膨大为阔卵形，或早期即为圆球形，散生干后微凸起或具不凸起的油点，花柱短或几无，柱头略粗。果未成熟时椭圆形或橄榄形，或圆球形，成熟时近圆球形或倒卵形，径10～14mm，橙红色，有种子1～2粒。花果期几乎全年。

【地理分布】海南三亚：甘什岭、南山；乐东：尖峰镇沙模村；东方：东河镇南浪村九龙山、天安镇雅隆村。昌江：王下乡、霸王岭、雅加大岭；保亭：毛案镇尖岭、毛感乡仙安石林；五指山（市）：五指山、南圣镇毛祥村；琼中：红毛镇一带山地、鹦哥岭；万宁：南桥镇长命田村至南林乡八一队一带、兴隆镇铜铁岭。生于山地林中。

【营养成分】光叶山小橘的浆果可供食用，但目前未见关于其营养成分的报道。据资料显示，其同属植物山小橘 *G. pentaphylla* 果实中含有大量的水分，以及粗脂肪、膳食纤维、粗蛋白质、还原糖和总糖、淀粉、碳水化合物等营养物质；此外还有N、K、Na、P、Ca、Mg、Cu、Fe、Mn、S和Zn等多种矿物质元素，其中Mg的含量最高，可给本种的营养成分提供一定参考价值。

【其他价值】(1) 药用价值　目前未见关于光叶山小橘药用功效的报道。(2) 观赏价值　山小橘属植物常绿，同一植株上可能同时存在单叶、单小叶和复叶，复叶中又有2～7小叶不等，叶型多变；果实多为圆形且半透明的粉红色浆果，观赏性高，适合作园林绿化树种。

120. 海南山小橘

【拉丁学名】*Glycosmis montana* Pierre

【形态特征】小乔木或灌木。新梢、嫩芽、花梗及萼裂片均被红锈色微柔毛。叶具单小叶，叶柄通常长15～30mm，少有长6～10mm；小叶硬纸质或薄革质，倒卵状长圆形或倒披针形，有时兼有长椭圆形，长5～15cm，宽1.5～6.5cm，顶部骤狭渐尖或长尾状尖，常钝头，基部短尖，全缘，无毛，干后叶面暗榄绿色，有蜡质光泽，叶背暗灰棕或灰黄色，中脉在叶面稍凸起，侧脉每边8～10条，小叶柄长2～10mm，基部与叶柄接连处略增粗，干后暗褐黑色。圆锥花序，长1～3cm，花梗甚短，花蕾圆球形，花白色，细小；花萼裂片阔卵形，长不及1mm；花瓣长约3mm，甚早脱落；雄蕊10枚，近等长，花丝由上向下逐渐增宽，药隔顶部有1油点；子房阔卵形或近圆球形，花柱粗大而短，柱头稍增大，子房柄明显升起。果圆球形，径约8mm，粉红色，果皮有半透明油点。花期10月至次年3月，果期为7—9月。

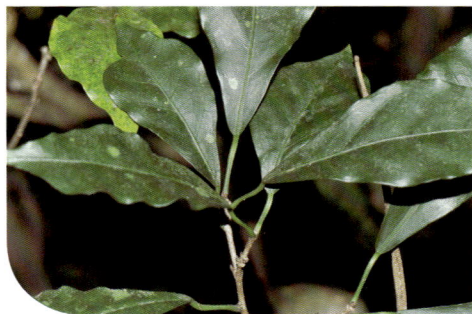

【地理分布】海南三亚：甘什岭、海棠湾藤桥村；东方：天安镇雅隆、东河镇南浪村九龙山；昌江：霸王岭乌烈林场、王下乡钱铁村猕猴岭；保亭：毛感乡仙安石林、七指岭。生于200～500m山地密林中。

【营养成分】海南山小橘的浆果可供食用，但目前未见关于其营养成分的报道。据资料显示，其同属植物山小橘*G. pentaphylla*果实中含有大量的水分，以及粗脂肪、膳食纤维、粗蛋白质、还原糖和总糖、淀粉、碳水化合物等营养物质；此外还有N、K、Na、P、Ca、Mg、Cu、Fe、Mn、S和Zn等多种矿物质元素，其中Mg的含量最高，可给本种的营养成分提供一定参考价值。

【其他价值】药用价值　据文献报道，从海南山小橘中分离得到一种吲哚生物碱具有很显著的抗HIV活性。现代药理研究表明，山小橘属的提取物具有抗肿瘤、抗氧化、抗菌、抗增殖、抗突变、杀虫等生物活性。

121. 小花山小橘

【拉丁学名】*Glycosmis parviflora* (Sims) Little

【形态特征】灌木或小乔木，高1～3m。叶有小叶2～4片，稀5片或兼有单小叶，小叶柄长1～5mm；小叶片椭圆形，长圆形或披针形，有时倒卵状椭圆形，长5～19cm，宽2.5～8cm，顶部短尖至渐尖，有时钝，基部楔尖，无毛，全缘，干后不规则浅波浪状起伏，且暗淡无光泽，中脉在叶面平坦或微凸起，或下半段微凹陷，侧脉颇明显。圆锥花序腋生及顶生，通常3～5cm，很少较短，但顶生的长可达14cm；花序轴、花梗及萼片常被早脱落的褐锈色微柔毛；萼裂片卵形，端钝，宽约1mm；花瓣白色，长约4mm，长椭圆形，较迟脱落，干后变淡褐色，边缘淡黄色；雄蕊10枚，花丝上部宽阔，下部稍狭窄，与花药接连处突尖，药隔顶端有1油点；子房阔卵形至圆球形，油点不凸起，花柱极短，柱头稍增粗，子房柄略升起。果圆球形或椭圆形，径10～15mm，淡黄白色转淡红色或暗朱红色，半透明油点明显，有种子2～3枚。花期为3—5月，果期为7—9月。

【地理分布】海南东方：江边乡白查村；陵水：南湾岭镇；万宁：礼纪镇茄新村青皮林自然保护区；定安：雷鸣镇；琼海：朝阳乡；海口：新潭村附近；保亭及昌江有分布记录。生于低海拔坡地灌丛或疏林中。

【营养成分】小花山小橘的果实可食用，但目前未见关于其营养成分的报道。据资料显示，其同属植物山小橘G. pentaphylla果实中含有大量的水分，以及粗脂肪、膳食纤维、粗蛋白质、还原糖、淀粉、碳水化合物等营养物质；此外还有N、K、Na、P、Ca、Mg、Cu、Fe、Mn、S和Zn等多种矿物质元素，其中Mg的含量最高。可给本种的营养成分研究提供一定参考价值。

【其他价值】(1) 药用价值　小花山小橘的根、叶具祛风解表，化痰止咳，行气消积，活血止血，散瘀止痛之功效。山小橘属植物中含有黄酮苷类、生物碱类、甾体类及萜类化合物等成分，主要是槲皮素类、香橙素、山奈素、木脂素、葡糖苷、鼠李糖苷等；叶和果实挥发油主要成分均为石竹烯，现代药理研究表明，山小橘属的提取物具有抗氧化、抗菌及杀虫等生物活性。(2) 经济价值　小花山小橘中还含有一种具有害虫拒食性的新化合物，可为开发新的生物农药提供思路。

三叶藤橘属（*Luvunga*）

122. 三叶藤橘

【拉丁学名】*Luvunga scandens* (Rob.) Buch.-Ham. ex Wight & Arn.

【形态特征】木质藤本。枝蜡黄或苍灰色，茎干下部的刺劲直且长，上部的短而弯钩。初生叶及茎干下部的叶为单叶，叶柄长2～9cm；叶片带状，长达30cm，宽4～5cm，茎干上部的叶通常为3小叶，偶有2小叶，小叶长椭圆形或倒卵状椭圆形，长6～20cm，宽3～9cm，浓绿，密生肉眼可见的透明油点，侧脉不显，但干后隐约可见；小叶柄粗壮，长5～10mm。有花通常不超过10朵的总状花序；花序轴及花梗均甚短；花蕾椭圆形；花萼长4～5mm，径3～4mm，4浅裂，裂齿小或近于截平；花瓣4片，长8～10mm；雄蕊有时少于8枚，花丝基部略连生；子房4或3室，稀2室。浆果圆球形或倒梨形，径3～5cm，果梗长4～6mm，果皮厚，外皮黄色，平滑；种子1～4粒，阔卵形，长2～3cm。花期为3—4月，果期为10—12月。

【地理分布】海南万宁：铜铁岭、和平镇附近。三亚、保亭、陵水及琼中有分布记录。生于山谷林中。

【营养成分】三叶藤橘的果实成熟时可食用，但目前未见关于其营养成分的报道。

【其他价值】（1）药用价值　目前，研究发现其内含有香豆素类、生物碱、萜类化合物、柠檬苦素类和黄酮类化合物等多种成分；在生物活性研究方面，根的提取物中含有的葡萄糖苷类化合物有一定的抗氧化活性，其他部位提取物有抗真菌和杀虫活性作用。

（2）经济价值　经济价值同其他芸香科植物。

贡甲属（*Maclurodendron*）

123. 贡甲

【拉丁学名】*Maclurodendron oligophlebium*（Merr.）T. G. Hartley.

【形态特征】乔木，高达14m。叶倒卵状长圆形或长椭圆形，长7～18cm，宽3.5～7cm，纸质，全缘；叶柄长1～2cm，基部略增大呈枕状。花蕾近圆球形，花瓣阔卵形或三角状卵形，质地薄，内面无毛，很少被稀疏短伏毛；花通常单性，雄花的不育雌蕊近扁圆形，无毛，花柱甚短，柱头不增粗；雌花的退化雄蕊8枚，有箭头状的花药但无花粉，花丝甚短，发育子房圆球形，无毛，花柱伸长，柱头略增大。成熟果与山油柑的无异。花果期与山油柑也大致相同，花期为4—8月，果期为8—12月。

【地理分布】海南乐东：尖峰岭、利国镇白石岭；白沙：鹦哥岭；五指山（市）：南圣镇同甲村、毛祥村；保亭：毛感乡千龙洞、南林乡；陵水：吊罗山；万宁：礼纪镇青皮林、兴隆镇森林公园；澄迈：古东村白石岭及附近；昌江有分布记录。生于低海拔至中海拔稍湿润疏林中。

【营养成分】贡甲果实成熟时可食用，但目前未见关于其营养成分的报道。

【其他价值】（1）药用价值 贡甲的根、叶、果实有化气止咳，活血祛瘀，消肿止痛消滞开胃之功效。其根中含有多种生物碱，包括贡甲辛碱、贡甲碱、茵芋碱、β-谷甾醇等，具有一定的抗菌活性，有一定的要药用价值。（2）经济价值 经济价值同其他芸香科植物。

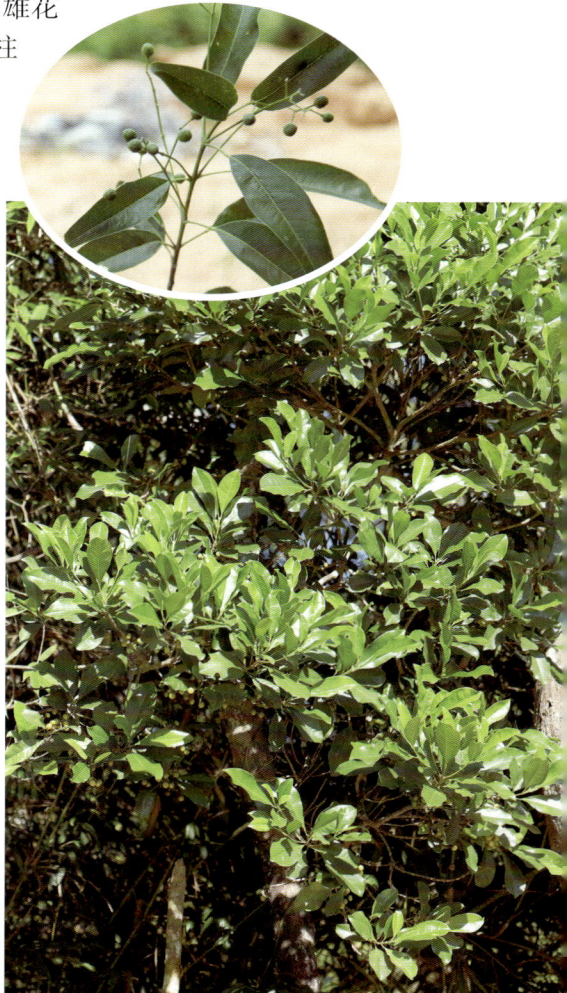

小芸木属（*Micromelum*）

124. 大管

【拉丁学名】*Micromelum falcatum* (Lour.) Tanaka.

【形态特征】树高1～3m。小枝、叶柄及花序轴均被长直毛，小叶背面被毛较密，成长叶仅叶脉被毛，很少几无毛。羽状复叶，有小叶5～11片，小叶片互生，小叶柄长3～7mm，小叶片镰刀状披针形，位于叶轴下部的有时为卵形，长4～9cm，宽2～4cm，顶部弯斜的长渐尖，基部一侧圆，另一侧偏斜，两侧甚不对称，叶缘锯齿状或波浪状，侧脉每边5～7条，与中脉夹成锐角斜向上伸展，几达叶缘，干后常微凹陷，花序顶生，多花，花白色，花蕾圆或椭圆形；花萼浅杯状，萼裂片阔三角形，长不及1mm；花瓣长圆形，长约4mm，外面被直毛，盛花时反卷；雄蕊10枚，长短相间，长的约与花瓣等长，另5枚约与子房等高；花柱圆柱状，比子房长，子房密被长直毛，柱头头状，花盘细小。浆果椭圆形或倒卵形，长8～10mm，厚7～9mm，成熟过程

中由绿色转橙黄，最后朱红色，果皮散生透明油点，有种子1或2粒。花蕾期为10—12月，盛花期为1—4月，果期为6—8月。

【地理分布】海南三亚：甘什岭；乐东：利国镇白石岭、尖峰岭；昌江：霸王岭；五指山（市）：南圣镇毛祥村；保亭：毛感乡仙安石林、七指岭；陵水：吊罗山乡白水岭；万宁：南桥镇石梅湾、兴隆镇森林公园；琼中：红毛镇附近、营根镇高田村大岭、太平峒长沙村；儋州：洛南村；澄迈：古东村白石岭及附近；定安：雷鸣镇；文昌：潭牛镇新桥乡坎脚村、翁田镇金千村；海口：城区附近。生于平地至海拔500m山地。

【营养成分】大管果实成熟时可食用，目前未见关于其营养成分的报道。

【其他价值】（1）药用价值 《海南植物志》记载，大管的根可治胸痹、跌打扭伤，叶可治感冒、毒蛇咬伤，根、叶入药有散瘀行气，活血之效。化学成分研究发现，香豆素类化合物在植物大管中普遍存在，主要化学成分除香豆素外还有生物碱类，其主要包括吲哚类生物碱和喹啉类生物碱，芳香类化合物及苯丙酸衍生物类化合物。（2）观赏价值 大管为常绿灌木，叶羽状，果序上的果因成熟程度不同，有绿色的、橙色的、朱红色的同时存在，具有一定的观赏性，但其花有令人不甚愉快的香气，因此不宜大规模种植。

九里香属（*Murraya*）

125. 翼叶九里香

【拉丁学名】*Murraya alata* Drake

【形态特征】灌木，高1～2m。枝黄灰或灰白色。叶轴有宽0.5～3mm的叶翼，叶有小叶5～9片，小叶倒卵形或倒卵状椭圆形，长1～3cm，宽6～15mm，顶端圆，很少钝，叶缘有不规则的细钝裂齿或全缘，略向背卷，嫩叶两面有短细毛，仅在扩大镜下可见，成长叶无毛；小叶柄甚短或几无柄。聚伞花序腋生，有花三数朵；总花梗长约5mm，花梗长5～8mm；花萼裂片长1.5～2mm；花瓣5片，白色长10～15mm，宽3～5mm，有纵脉多条；雄蕊10枚，长的5枚与花瓣等长或较长，短的5枚与柱头等高或略高；花柱比子房约长2倍，柱头头状，子房2室，每室有1胚珠。果卵形，顶端有偏向一侧的短凸尖体，或为圆球形，径约1cm，朱红色，有种子2～4粒；种皮有甚短的棉质毛。花期为5—7月，果期为10—12月。

【**地理分布**】海南三亚：天涯海角；东方：天安乡雅隆、东河镇南浪村水库；临高：马袅乡；海南中部以南各县有分布记录。生于干燥的沙地灌丛中。

【**营养成分**】翼叶九里香果实可以鲜食，但口感稍差。目前未见与其果实营养成分有关的报道，仅发现一篇关于其同属植物咖喱树 *Murraya koenigii* 叶片的营养成分研究报道，研究显示其叶片含水分约60%，含有蛋白质、脂肪、糖类、纤维等营养成分；有多种游离氨基酸，有包括天门冬酰胺、甘氨酸、丝氨酸、天门冬氨酸、谷氨酸、茶氨酸、丙氨酸、脯氨酸、酪氨酸、色氨酸、α氨基丁酸、苯丙氨酸、亮氨酸、异亮氨酸和极微量的鸟氨酸、赖氨酸、精氨酸和组氨酸；维生素有维生素C、胡萝卜素、烟酸；矿物质元素有Ca、P、Fe等；其中Ca含量丰富。

【**其他价值**】（1）药用价值　研究表明，翼叶九里香与九里香一样，具有强烈的镇痛作用。其叶的挥发油成分中含有倍半萜类与单萜类化合物成分，其中倍半萜类占绝对优势；此外，其提取物中香豆素类化合物具有抗炎杀菌的生理活性。（2）观赏价值　该属植物不仅树形端正，四季常青，羽状复叶的叶轴上有翅，观感独特，而且花香浓烈、持久，花色洁白美丽，特别引人注目；其茎枝黄灰色，如盘踞在石头上，更显其苍劲有力，观赏性极强。可做园林绿化树种，亦可作盆景材料。

126. 九里香

【拉丁学名】*Murraya exotica* L.

【形态特征】小乔木，高可达8m。枝白灰或淡黄灰色，但当年生枝绿色。有小叶3片或5至7片，小叶倒卵形成倒卵状椭圆形，两侧常不对称，长1～6cm，宽0.5～3cm，顶端圆或钝，有时微凹，基部短尖，一侧略偏斜，边全缘，平展；小叶柄甚短。花序通常顶生，或顶生兼腋生，花多朵聚成伞状，为短缩的圆锥状聚伞花序；花白色，芳香；萼片卵形，长约1.5mm；花瓣5片，长椭圆形，长10～15mm，盛花时反折；雄蕊10枚，长短不等，比花瓣略短，花丝白色，花药背部有细油点2颗；花柱稍较子房纤细，与子房之间无明显界限，均为淡绿色，柱头黄色，粗大。果橙黄至朱红色，阔卵形或椭圆形，顶部短尖，略歪斜，有时圆球形，长8～12mm，横径6～10mm，果肉有黏胶质液，种子有短的棉质毛。花期为4—8月，果期为9—12月。

【地理分布】海南乐东：坡子村、尖峰岭；昌江：昌化镇；万宁：南旺水库附近。生长于离海岸不远的平地、缓坡的灌木丛中。

【营养成分】九里香果实可以鲜食，但是口感稍差。目前未见与其果实营养成分有关的报道。

【其他价值】(1) 药用价值　九里香的干燥叶和带叶嫩枝味辛、微苦，性温，有小毒，具有行气止痛、活血散瘀的功效。近年农用活性研究表明，九里香粗提物具有较好的抗菌杀虫活性。(2) 观赏价值　九里香不仅树形端正，四季常青，而且花香浓烈、持久，花色洁白美丽，花果量大，果实成熟时红色，特别引人注目，在我国南方地常区被用作围篱材料，或作花圃及宾馆的点缀品，亦作盆景材料。(3) 经济价值　九里香花、叶、果中含有丰富的精油，既可防治害虫，还可制成香精加入化妆品中，被广泛地应用于日常生活中，尤其在医疗、花卉、香料及调味料等行业应用颇多。

127. 小叶九里香

【拉丁学名】*Murraya microphylla*（Merr. & Chun）Swingle.

【形态特征】本种与调料九里香很近似。只是小叶较小，生于叶轴基部的常为阔卵形至长圆形，长和宽 3～6mm，其余最长的不超过 25mm，宽不过 10mm，顶端钝或圆，有时稍凹缺，基部狭而钝，两侧稍不对称，边缘有明显的钝裂齿，两面无毛，很少在中脉近基部有在扩大镜下可见的稀短细毛，小叶柄极短；花序一般有花 10～30 朵；花序轴及花梗均被短柔毛；萼裂片卵形，长不及 1mm；花瓣 5 片，倒披针形或长圆形，白色，长 5～7mm，有油点；雄蕊 10 枚，长的约与花瓣等长，另 5 枚短的约与花柱同高；花柱比子房长约 1 倍。柱头头状。嫩果长卵形，长约为宽的 1 倍，成熟时长椭圆形，或间有圆球形，长 1～1.5cm，蓝黑色，有种子 1～2 粒；种皮薄膜质。花期一年两次，分别在为 4—5 月及 7—10 月，果期为 9—12 月。

【地理分布】海南三亚：三亚港附近；乐东：利国镇望楼村、尖峰镇沙模村。东方：感城镇与板桥镇海边一带；昌江：昌化林场；保亭：毛感乡仙安石林。陵水：南湾岭镇；万宁：礼纪镇茄新村、青皮林自然保护区、乌石村。生于沿海村旁。

【营养成分】小叶九里香果实可以鲜食，但是口感稍差。目前未见与其果实营养成分有关的报道。

【其他价值】（1）药用价值　研究表明，小叶九里香中的主要化学成分包括香豆素类、黄酮类、挥发油类以及生物碱类化合物，如马汉九里碱、柯九里香次碱、九里香甲碱、九里香碱、β-谷甾醇、胡萝卜苷等；其叶中所含的单萜类及倍半萜类挥发油成分，有抗氧化活性及抗细菌活性。（2）观赏价值　该植物树形端正，四季常青，而且花香浓烈，花色洁白美丽，可作为园林绿化树种栽培。

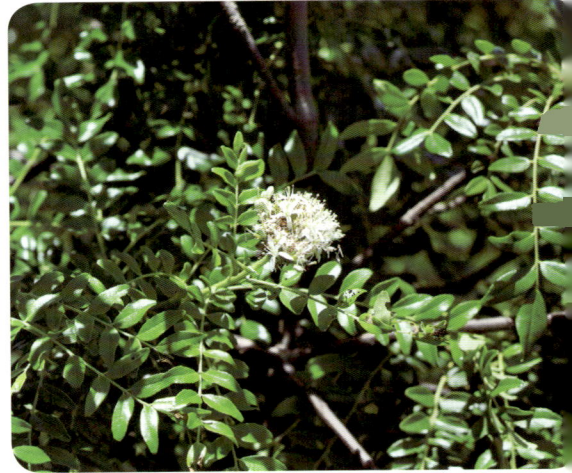

128. 千里香

【拉丁学名】*Murraya paniculata* (L.) Jack.

【形态特征】小乔木，高达12m。树干及小枝白灰或淡黄灰色，略有光泽，当年生枝绿色，其横切面呈钝三角形，底边近圆弧形。幼苗期的叶为单叶，其后为单小叶及二小叶，成长叶有小叶3～5、稀7片；小叶深绿色，叶面有光泽，卵形或卵状披针形，长3～9cm，宽1.5～4cm，顶部狭长渐尖，稀短尖，基部短尖，两侧对称或一侧偏斜，边全缘，波浪状起伏，侧脉每边4～8条；小叶柄长不足1cm。花序腋生及顶生，通常有花10朵以内，稀达50余朵；萼片卵形，长达2mm，边缘有疏毛，宿存；花瓣倒披针形或狭长椭圆形，长达2cm，盛花时稍反折，散生淡黄色半透明油点；雄蕊10枚，长短相间，花丝白色，线状，比花柱略短，药隔中央及顶端极少有油点；花柱绿色，细长，连子房长达12mm，柱头甚大，比子房宽或等宽，子房2室。果橙黄至朱红色，狭长椭圆形，稀卵形，顶部渐狭，长1～2cm，宽5～14mm，有甚多干后凸起但中央窝点状下陷的油点，种子1～2粒；种皮有棉质毛。花期为4—9月，果期为9—12月。

【地理分布】海南三亚：甘什岭；东方：天安乡陀类村、狝猴岭；乐东：万冲镇南盆村鹦哥岭、尖峰岭；保亭：毛感乡仙安石林、南林乡一带、七指岭；儋州：南丰镇纱帽岭；琼中：黎母山；昌江、琼海、南海群岛及西沙群岛有分布记录。生于丘陵或山地疏林中，石灰岩地区。

【营养成分】千里香果实可以鲜食，口感稍差。目前未见与其果实营养成分有关的报道。

【其他价值】(1) 药用价值 千里香的干燥叶和带叶嫩枝味辛、微苦，性温、有小毒，具有行气止痛、活血散瘀的功效。千里香所含主要化学成分有黄酮类、萜烯类等化合物，其中枝叶挥发油主要含有榄香烯、石竹烯、大根香叶烯等倍半萜烯和橙花叔醇、榄香醇等倍半萜烯醇；具有抗氧化活性、抗菌消炎活性。近年农用活性研究表明，九里香粗提物具有较好的抗菌杀虫活性。(2) 观赏价值 该植物开白色花，散发浓烈的芳香气味，远距离即可嗅到其香气，故名千里香，别名九里香、满山香、月橘、过山香、七里香等，可作为园林绿化树种栽培。

单叶藤橘属（*Paramignya*）

129. 单叶藤橘

【拉丁学名】*Paramignya confertifolia* Swingle

【形态特征】木质攀缘藤本，高达6m。茎枝的髓部大，嫩枝常被短柔毛，刺向下弯，长3～10mm，在果枝上的刺极短或无刺。叶椭圆形或卵形，长5～9cm，宽2.5～5cm，基部圆，很少楔尖，两面无毛。叶缘有甚细小的圆裂齿或全缘，叶脉网状，明显，侧脉每边8～12条或稍多；叶柄长4～12mm，略被毛，基部略增大呈枕状。单花或三花出自叶腋间；花蕾椭圆形，长6～8mm；花梗长3～5mm，无毛；萼裂片5片，略呈三角形，顶端有缘毛，长约1mm；花瓣5片，白色，长7～10mm，宽3～4mm，有油点；雄蕊10枚，长5～7mm，花盘圆柱状，约与子房等宽；柱头近平顶的头状，子房卵形，被细毛。果近圆球形，无毛，径约2cm，果梗长3～5mm，成熟的果黄色，果皮有粗大油点，有松节油的香气；种子小，卵形，单胚。花期为7—9月，果期为10—12月。

【地理分布】海南三亚：甘什岭、南山；昌江：霸王岭乌烈林场、佳切山及附近；白沙：牙叉镇志道村；保亭：毛感乡仙安石林、保城镇附近；万宁：牛岭、兴隆镇南旺；琼中：黎母山、和平长沙村附近；儋州：南丰镇纱帽岭；澄迈：福山镇、加乐镇产坡村；东方及琼海有分布记录。生于海岸沟谷旁。

【营养成分】单叶藤橘果实成熟时可食用，目前未见关于其营养成分的报道。但据资料显示，芸香科一些属的果可生食或是做清凉饮料的原料，如黄皮、金橘。尤其是柑橘类的果，它们含丰富的柠檬酸，糖类，蛋白质，果胶，以及B族维生素、维生素C、维生素E、β-胡萝卜素等多种维生素，还有Na、K、P、Fe、Ca、Zn等多种人体必需的矿物质元素。本种的营养成分有待进一步研究。

【其他价值】（1）药用价值　目前未见关于单叶藤橘药用功效方面的报道。但该属植物具有重要的次生代谢产物，主要包括香豆素及其苷类化合物、吖啶酮类生物碱、三氯丙烷及其苷类化合物、酚类和黄酮类化合物以及柠檬苦素类、木质素糖苷类和甾醇类化合物等；据报道其含有细胞毒性、抗氧化、抗炎、α-葡萄糖苷酶抑制活性等多种生物活性。（2）经济价值　研究表明其含有挥发油和多种生物碱，提取的精油可应用在植物病虫害防治以及饮料、肥皂、食品、香料、化妆品等不同产品生产。木材具光泽，无特殊气味，纹理直，结构甚细，均匀，材质略硬重；适于做家具，以及室内装修，做箱盒、细木工、车旋制品、地板、包装箱、桩柱、农具及其他日用器具原材用。

三十四、楝科（Meliaceae）

割舌树属（*Walsura*）

130. 割舌树

【拉丁学名】*Walsura robusta* Roxb.

【形态特征】乔木，高10～25m。枝褐色，具皮孔，无毛。叶长15～30cm，叶柄长2.5～8cm，有3～5小叶；小叶对生，纸质或薄革质，长椭圆形或披针形，顶生小叶长7～16cm，宽3～7cm，侧生小叶长5～14cm，宽1.5～5cm，先端渐尖，基部楔形，两面无毛，叶面光亮，侧脉5～8对，两面稍凸起；小叶柄长0.5～2cm，两端膨大，具节。圆锥花序长8～17cm，疏被粉状短柔毛，分枝呈伞房花序式；花长4～6mm，具花梗；花萼短，外被粉状短柔毛，裂片卵形，顶端急尖；花瓣白色，较阔，长椭圆形，长3～4mm，先端略尖或钝，外面被粉状短柔毛，芽时稍呈覆瓦状排列，雄蕊10，花丝顶端渐尖，不分裂，内面被短硬毛，基部或中部以下连合成管，内面上部被短硬毛，花药黄色，卵形，着生于花丝之顶端；花盘杯状，外面无毛，内面被毛；子房2室，扁球形，上部被毛，花柱圆柱形，柱头盘状，顶端不开裂。浆果球形或卵形，直径1～2cm，密被黄褐色柔毛，有种子1～2颗。花期为2—3月，果期为4—6月。

【地理分布】海南三亚：育才镇云梦岭、南山；乐东：尖峰岭；东方：天安镇乡雅隆村"小桂林"、东河镇南浪村九龙山；昌江：霸王岭；白沙：牙叉镇志道村附近、元门乡附近；保亭：三道镇番庭村；万宁：兴隆镇南旺哑巴田；澄迈：古东村白石岭及附近。生于中海拔林中。

【营养成分】割舌树的成熟果实可食用，可食部分约占一半，其内含有大量水分，还有总糖、可滴定酸、维生素C、单宁、膳食纤维、粗脂肪、淀粉等丰富的营养物质。

【其他价值】（1）药用价值　研究表明，割舌树叶子提取物中的化合物成分丰富，包括柠檬苦素类、降三萜类和倍半萜类等，其中的柠檬苦素类化合物具有较好的细胞毒活性。（2）经济价值　割舌树在民间有作为农药或药用的历史，叶和细枝的提取物在西双版纳被用作杀虫剂。其木材具光泽、无特殊气味、纹理直或斜、径面具交错纹理，结构甚细、均匀，材质硬重；适于做雕刻、旋制工艺品及玩具、棋子、农具、工农具柄、板车、坑木、桩柱、地板块等原材用。

三十五、文定果科（Muntingiaceae）

文定果属（*Muntingia*）

131. 文定果

【拉丁学名】*Muntingia calabura* L.

【形态特征】常绿小乔木，高达5～8m。树皮光滑较薄，灰褐色。小枝及叶被短腺毛，叶片纸质，单叶互生，长圆状卵形，长4～10cm，宽1.5～4cm。掌状，先端渐尖，基部斜心形，3～5主脉，叶缘中上部有疏齿，两面有星状茸毛。花两性，单生或成对着生于上部小枝的叶腋花萼合生，萼片5枚，分离，长10～12mm，宽约3mm，两侧边缘内折而成舟状，先端有长尾尖，开花时花萼反折。花期长，花瓣5枚，白色，倒阔卵形，具有瓣柄，全缘。先端边缘波状，长10～11mm，宽约9mm，雄蕊多数，子房无毛，5～6室，每室有胚珠多枚。柱头5～6浅裂，宿存。花盘杯状。浆果球形或近球形，直径约1cm，成熟时为红色。盛花期为3—4月，6—8月为果熟期。

255

【地理分布】海南昌江：霸王岭；乐东：尖峰岭；东方：江边乡白查村村边；儋州：热带植物园；万宁：兴隆镇森林公园；文昌：会文镇；海口：人民公园。除野生外，海南各地均有栽培，常植于庭院旁。

【营养成分】文定果的浆果成熟时通红，色泽鲜艳，有点像樱桃，果肉柔软多汁，种子细小，又称南美假樱桃，由于具有牛奶味，故又有牛奶果称号，味微甜，风味独特，是一种具有开发前景的热带水果；其含有丰富的营养物质，包括可滴定酸、还原糖、维生素C、可溶性蛋白、可溶性固形物、总酚和类黄酮等。此外果实提取物的具有清除自由基的能力，说明文定果还有抗氧化作用。

【其他价值】（1）药用价值　文定果的叶、花和根均可入药；植物化学研究表明，文定果中含有查尔酮和黄酮类化合物、异香草酸、对硝基苯酚、没食子酸甲酯、β-淀粉酮、α-生育酚醌、δ-生育酚，目前分离得到最多的是黄酮类化合物。其提取物具有细胞毒活性、抑菌活性、抗血小板聚集活性、抗氧化活性、杀虫活性、镇痛活性、抗炎活性、解热活性、抗糖尿病活性、抗高血压活性、心脏保护活性等多种药理活性，药用价值潜力巨大。（2）观赏价值　文定果具有树冠茂密、树形飘逸婆娑、遮阴效果好、花果漂亮可爱等优点，树形、枝叶、花和果实均具有很高的观赏价值，用其大树或小树单植、群植或列植，均呈苍翠挺拔、树姿婀娜的景观效果，极富热带风情，耐旱，对土壤要求不严，环境适应性强，抗风能力强，可作为住宅区、广场、公园和庭园等绿地优良的绿化造景树种，常作为行道树、庭园树；果实味甜，可吸引大量鸟类前来觅食，又可作诱鸟树；其种子在建筑垃圾堆和碎沙石等环境中易萌发，可以将其作为采石场和边坡美化以及荒山绿化改造树种。

三十六、仙人掌科（Cactaceae）

仙人掌属（*Opuntia*）

132. 仙人掌

【拉丁学名】*Opuntia dillenii* (Ker Gawl.) Haw.

【形态特征】丛生肉质灌木，高1.5～3m。上部分枝宽倒卵形、倒卵状椭圆形或近圆形，长10～35cm，宽7.5～20cm，厚达1.2～2cm，先端圆形，边缘通常不规则波状，基部楔形或渐狭，绿色至蓝绿色，无毛；小窠疏生，直径0.2～0.9cm，明显突出，成长后刺常增粗并增多，每小窠具3～10根刺，密生短绵毛和倒刺刚毛；刺黄色，有淡褐色横纹，粗钻形，开展并内弯，基部扁，坚硬，长1.2～4cm，宽1～1.5mm；倒刺刚毛暗褐色，长2～5mm，直立，多少宿存；短绵毛灰色，短于倒刺刚毛，宿存。叶钻形，长4～6mm，绿色，早落。花辐状，直径5～6.5cm；花托倒卵形，长3.3～3.5cm，直径1.7～2.2cm，顶端截形并凹陷，基部渐狭，绿色，疏生突出的小窠，小窠具短绵毛、倒刺刚毛和钻形刺；萼状花被片宽倒卵形至狭倒卵形，长10～25mm，宽6～12mm，先端急尖或圆形，具小尖头，黄色，具绿色中肋；瓣状花被片倒卵形或匙状倒卵形，长25～30mm，宽12～23mm，先端圆形、截形或微凹，边缘全缘或浅啮蚀状；花丝淡黄色，长9～11mm；花药长约1.5mm，黄色；花柱长11～18mm，直径1.5～2mm，淡黄色；柱头5，长4.5～5mm，黄白色。浆果倒卵球形，顶端凹陷，基部多少狭缩成柄状，长4～6cm，直径2.5～4cm，表面平滑无毛，紫红色，每侧具5～10个突起的小窠，小窠具短绵毛、倒刺刚毛和钻形刺。种子多数，扁圆形，长4～6mm，宽4～4.5mm，厚约2mm，边缘稍不规则，无毛，淡黄褐色。花期为6—10月。

【地理分布】海南三亚：亚龙湾、天涯海角。乐东：尖峰岭、黄流镇。儋州：峨蔓镇；临高：临高角附近；万宁：兴隆镇森林公园；海南各地、南沙群岛、西沙群岛有栽培。沿海沙滩有野生，海边常见。

【营养成分】仙人掌果实鲜嫩多汁，清香爽口，果肉中水分含量充足，食用口感显现出新鲜饱满、多汁，含有丰富的总糖、有机酸、粗蛋白质、氨基酸、粗脂肪、膳食纤维、维生素C、多酚类、花色苷及黄酮类等物质，以及Ca、P、Fe、Mg、Zn等矿物质元素，是一种高蛋白、低脂肪、低糖、高膳食纤维、风味细腻爽口、香气独特，有益于预防心脑血管疾病、有利于滋润肌肤的水果；可榨汁加工成天然的仙人掌汁，也可进一步生产浓缩汁、复合果汁、复合果蔬汁等，还可通过微生物发酵深加工成仙人掌乳酸饮料、仙人掌酸奶、仙人掌醋酸饮料、仙人掌酒。仙人掌肉质茎亦可食用，入口清爽脆嫩，口感清香，微酸适口，开胃健脾，风味独特；其营养丰富，富含矿物质元素、蛋白质、纤维素、琥珀酸、酒石酸、维生素、多糖类及多种氨基酸。矿物质元素主要为Ca、P、Fe；水溶性氨基酸以苏氨酸、丝氨酸和酪氨酸为主；维生素有维生素C、β-胡萝卜素；有机酸以柠檬酸和苹果酸为主；除鲜食外，其食法多样，可热炒、可凉拌、可煎炸、可炖煮、可烧汤，可做包子馅、饺子馅，也可做配菜等。

【其他价值】（1）**药用价值**　仙人掌果可行气活血、祛湿退热、生肌。具清热解毒、散瘀消肿、健胃止痛、镇咳的作用。《本草纲目》中记载，常食仙人掌可长寿。据资料显示，仙人掌中含有生物活性很强的黄酮类物质，如异鼠李素、槲皮素的葡萄糖苷、异槲皮苷以及三萜化合物，具有抗炎抑菌作用、健胃作用、降血糖作用、抗病毒作用、降胆固醇作用。（2）**观赏价值**　仙人掌的生态特殊，耐干旱、贫瘠，是良好的篱墙植物，也是放牧过度和土壤侵蚀地恢复和天然植被再生的良好树种；此外，其品种繁多，体态清雅而奇特，花色艳丽而多姿，颇富趣味性，富有观赏价值，在气候适宜的城市和地区，仙人掌可作为街道、公园、单位、厂矿的绿化美化树种，以其独特的景观展示热带地域风貌。（3）**经济价值**　除食品、保健和医药产品生产的外，仙人掌可有效地提高奶牛产乳量和改善乳品质量，增强仔猪免疫力，在家畜、家禽以及水产养殖等多个领域拥有较大开发潜力。

三十七、山榄科（Sapotaceae）

金叶树属（*Chrysophyllum*）

133. 金叶树

【拉丁学名】*Chrysophyllum lanceolatum* (Blume) A. DC. var. *stellatocarpon* P. Royen.

【形态特征】乔木，高10～20m；小枝圆柱形，上部被黄色柔毛。叶散生，坚纸质，长圆形或长圆状披针形，稀倒卵形，长5～12cm，宽1.7～4cm，先端通常渐尖或尾尖，尖头钝，基部钝至楔形，通常稍偏斜，边缘波状，幼时两面被锈色茸毛，除下面中脉外，很快变无毛，中脉在上面稍凸出，下面凸出，侧脉12～37对，密集，呈60°至80°上升，直或稍弯曲，至叶缘汇入缘脉，两面均明显；叶柄长0.2～0.7cm，被锈色短柔毛或近无毛。花数朵簇生叶腋；花梗纤细，长3～6mm，被锈色短柔毛或近无毛；小苞片卵形，长1mm，宽0.5mm，先端急尖；花萼裂片5，卵形至圆形，长0.7～1.5mm，宽0.6～1mm，先端钝至圆形，幼时外面被锈色柔毛或无毛，内面无毛，边缘具流苏；花冠阔钟形，长1.8～3mm，无毛，冠管长0.7～1.2mm，裂片5，舌状至梯形，与冠管近等长，先端圆，边缘具流苏；能育雄蕊5，着生于冠管中部以下，花丝棒状至圆柱状，长0.9～1.5mm，花药卵状三角形，长约0.6～0.8mm；子房近圆球形，长约0.6mm，具5肋，被锈色茸毛，5室，胚珠着生于室的中部稍下；花柱圆柱形，长约1.5mm，无毛，柱头很细。

果近球形，径1.5～2（4）cm，幼时被锈色茸毛，成熟时横向呈星状，具5圆形粗肋，顶端凹，变无毛，干时褐色至紫黑色；种子5～4枚，倒卵形，侧向压扁，长11～13mm，宽6～7mm，种皮厚，外面褐色，具光泽，疤痕狭长圆形至倒披针形，种脐顶生，子叶薄，卵形，扁平，胚乳丰富，胚根基生，圆柱形，长约2mm。花期在5月，果期在10月。

【地理分布】海南三亚：育才镇云梦岭；乐东：抱由镇抱界村一带、尖峰岭；保亭：南林乡四方岭；万宁：兴隆镇南旺铜铁岭、太阳河边；昌江也有分布记录。生于海拔800～1300m的山地杂木林中。

【营养成分】金叶树成熟果实可食用，关于其果实营养成分的研究较少，仅找到一篇记录其原变种多花金叶树 *C. lanceolatum* 果实中营养成分的文章，发现果肉中至少含18种类胡萝卜素，其中紫黄质占主导地位。此外，其同属植物星苹果 *C. cainito* 果实很甜，可作为甜点水果食用，其果实中含有大量水分，以及糖类、蛋白质、纤维、色氨酸、甲硫氨酸、赖氨酸等氨基酸，维生素 B_1、维生素 B_2、维生素C、烟酸、胡萝卜素等多种维生素，还有Ca、P、Fe等矿物质元素；种子含有毒物质，有苦味化合物；*C. roxburghii* 的叶子中的Ca、Mn等矿物质元素含量较高，可对本种提供一些参考。

【其他价值】（1）药用价值 据资料表明，具有抗菌、抗糖尿病和抗氧化的特性，可用于预防龋齿、氧化损伤、肥胖。（2）经济价值 其木材，用作房屋建筑、家具制造的木材。

桃榄属（*Pouteria*）

134. 桃榄

【拉丁学名】*Pouteria annamensis*（Pierre ex Dubard）Baehni

【形态特征】大乔木，高15～20m。树皮灰色；小枝圆柱形，无毛，顶部被微红褐色柔毛，老枝上常有似疣状突起的花束总花梗的残迹。叶散生于延长的小枝上，纸质或近革质，幼时披针形，成熟时长圆状倒卵形或长椭圆状披针形，长6～17cm，宽2～5cm，先端圆或钝，稀微凹，幼时急尖，基部楔形下延，边缘微波状，幼时两面密被微红褐色柔毛，后变无毛，干时上面橄榄色，具光泽，下面色较浅，中脉在表面平坦或微凸起，下面凸起，侧脉5～9对，呈50°～60°弧形上升，疏离，网脉通常明显；叶柄长1.5～3.5cm，上面平坦至微凸，下面圆形，无毛。花小，通常1～3朵簇生叶腋，有极短的总梗；花梗长1～3mm，被锈色短柔毛。花萼裂片圆形，长2～2.5mm，先端圆至钝，外面被锈色短柔毛，边缘微波状；花冠白色，冠管阔圆筒状，长2～2.5mm，裂片圆形，长约1mm；能育雄蕊着生于花冠管喉部，花丝长约1mm，钻形，花药卵形，长约0.5mm，基着；退化雄蕊钻形，长约1mm，生

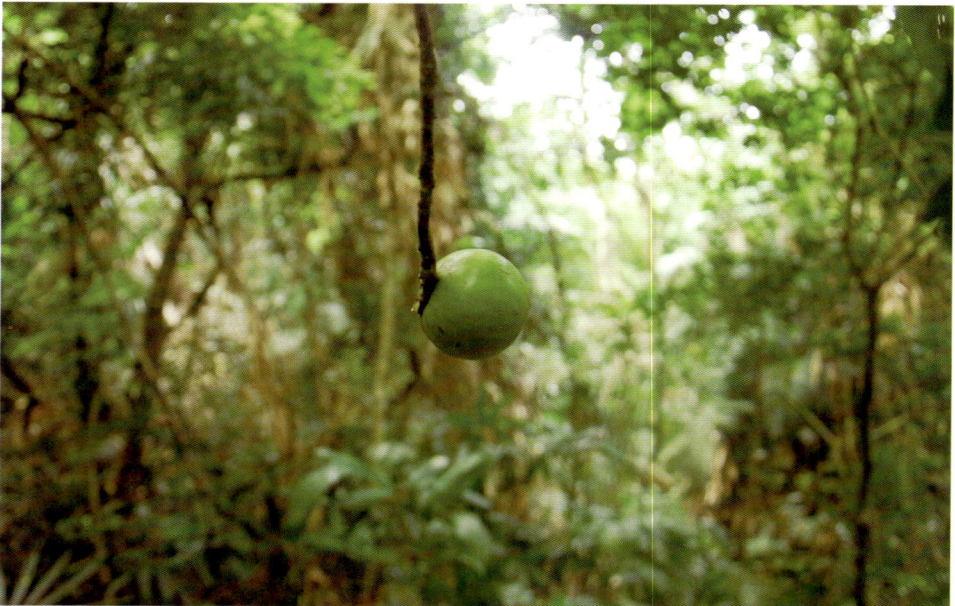

于花冠喉部；子房近球形，径约0.5mm，先端压扁，无毛，具杯状花盘，高约0.5mm，密被锈色长柔毛，花柱圆柱形，长约2～2.5mm，无毛，柱头小。浆果多汁，球形，顶端钝，直径2.5～4.5cm，无柄或近无柄，绿色转紫红色，果皮厚，无毛；种子2～5枚，卵圆形，长约1.8cm，侧向压扁，种皮坚硬，淡黄色，具光泽，疤痕侧生，狭长圆形。花期5月。

【地理分布】海南乐东：抱由镇抱界村一带、尖峰岭；昌江：乌烈林场；五指山（市）：南圣镇毛祥村，保亭：七指岭；万宁：牛岭、兴隆镇森林公园；儋州：洛南村大吉岭、那大镇；琼海：中原镇；生于海拔500～1 300m的林中。

【营养成分】桃榄的果实肉质，多汁，味甜气香，可食，但目前未见关于其营养成分的报道。据研究资料，其同属植物蛋黄桃榄果 *P. caimito* 的果实含有丰富的营养物质，其热量可高达95%，水分占最主要部分，还有糖类、脂肪、蛋白质、膳食纤维、维生素A、维生素B_1、维生素B_2、维生素C等多种维生素，赖氨酸、蛋氨酸、色氨酸等多种氨基酸，以及Ca、P、Fe等多种人体必需矿物质元素。可给本种提供一定参考价值。

【其他价值】（1）药用价值　桃榄的树皮治毒蛇咬伤。此外，其同属植物许多可入药，可用于止泻、胃溃疡、局部治皮疹、皮肤病等。（2）经济价值　因其果实在口中嚼碎后，再吃其他食物，可使酸味变甜，其果实可做矫味剂；木材供建筑用。

肉实树属（*Sarcosperma*）

135. 肉实树

【拉丁学名】*Sarcosperma laurinum* (Benth.) Hook. f.

【形态特征】乔木，高6～15m。树皮灰褐色，近平滑，板根显著；小枝具棱，无毛。托叶钻形，长2～3mm，早落。叶于小枝上不规则排列，大多互生，也有对生的，枝顶的则通常轮生，近革质，通常倒卵形或倒披针形，稀狭椭圆形，长7～16cm，宽3～6cm，先端通常骤然急尖，有时钝至钝渐尖，基部楔形，正面深绿色，具光泽，背面淡绿色，两面无毛，中脉在上面平坦，下面凸起，侧脉6～9对，弧曲上升，末端不连结；叶柄长1～2cm，正面具小沟，无叶耳。总状花序或为圆锥花序腋生，长2～13cm，无毛；花芳香，单生或2～3朵簇生于花序轴上，花梗长1～5mm，被黄褐色茸毛；每花具1～3枚小苞片，小苞片卵形，长约1mm，被黄褐色茸毛；花萼长2～3mm，裂片阔卵形或近圆形，长1～1.5mm，外面被黄褐色茸毛，内面无毛；花冠绿色转淡黄色，冠管长约1mm，花冠裂片阔倒卵形或近圆形，长2～2.5mm；能育雄蕊着生于冠管喉部，并与花冠裂片对生，花丝极短，花药卵形，长不到1mm；退化雄蕊着生于冠管喉部，并与花冠裂片互生，钻形，较雄蕊长；子房卵球形，长约1～1.5mm，1室，无毛，花柱粗，长约1mm。核果长圆形或椭圆形，长1.5～2.5cm，宽0.8～1cm，由绿至红至紫红转黑色，基部具外反的宿萼，果皮极薄，种子1枚，长约1.7cm，宽约0.8cm。花期为8—9月，果期12月至翌年1月。

【地理分布】海南三亚：甘什岭、抱龙。乐东：尖峰岭；东方：感城镇附近丘陵；昌江：霸王岭；白沙：鹦哥岭；五指山：南圣镇毛祥村；陵水：大里乡；万宁：兴隆镇森林公园、兴隆镇农场、礼纪镇石梅村；儋州：南丰镇纱帽岭。生于海拔100～1300m的山地林中。

【营养成分】肉实树的果实成熟后可食用，但目前尚未见到关于肉实树果实中营养成分的

文献记录。

【其他价值】（1）药用价值　目前，尚未查到肉实树药用记录的文献，但其同属植物 *S. Affinis* 在越南作为草药使用。（2）经济价值　肉实树的木材可用于制作农具、家具或用作建筑用材。

三十八、柿科（Ebenaceae）

柿属（*Diospyros*）

136. 海南柿

【拉丁学名】*Diospyros hainanensis* Merr.

【形态特征】高大乔木，高达20m。树干端直，树皮灰黑色至黑色，平滑；冬芽常为尾状，稍弯曲，下部密被黑色长粗毛。叶革质，长圆状椭圆形或披针状长圆形，长10～19cm，宽3.5～6cm，先端钝至渐尖，基部阔楔形至近圆形，边缘微背卷，正面深绿色，有光泽，下面淡绿色，嫩叶有黑褐色短粗毛，很快两面无毛，叶脉在背面凸起，侧脉每边约9条，斜向上生，将近叶缘即向上弯生，小脉结成疏网状；叶柄粗壮，长1～1.5cm。雄花香，生当年生枝上新叶叶腋，单生或集成聚伞花序，有短梗，被黑褐色短粗毛；花萼碗状，直径约1～1.2cm，高约9mm，两面都密被黑褐色短粗毛，4浅裂，裂片三角形，长约3mm，宽约6mm，急尖或钝；花冠白色，无毛，壶形，长约9mm，宽约10mm，4～5裂，裂片阔卵形，长约7mm，宽约10mm，向外弯曲；雄蕊40枚，长短不一，着生在花冠管的基部，花药线形，花丝短或很短；花梗长约2mm，有黑色短粗毛；雌花生当年生枝上，腋生，单生，有短梗；花萼有黑褐色短粗毛，里面有褐色短粗毛，4裂，裂片两侧向背面反卷，先端钝；子房卵形，密被黑褐色短粗毛，花梗长2～7mm，亦被黑褐色短粗毛。果卵形或近球形，直径3～4cm，高约3.5cm，绿色，熟时暗黄褐色，干时黑褐色，嫩时密被黄褐色或黑褐色粗毛，熟时变无毛，通常8室，果皮厚约4mm；种子长圆形；宿存萼厚革质，4裂，裂片宽卵形或近三角形，长约1cm，宽约1.4cm，先端钝；果柄粗壮，长约5～7mm，被黑褐色粗毛或无毛。花期为3—5月，果期为8月至翌年1月。

【地理分布】海南东方：东河镇南浪村九龙山；保亭：七指岭；陵水：吊罗山；琼中：黎母岭；琼海也有分布记录。生于海拔约800 m林中。

【营养成分】海南柿果实成熟后可食用，目前尚未见到关于其果实营养成分相关的研究报道。海南柿隶属于柿科Ebenaceae柿属*Diospyros*，与我国"五大水果"之一的柿*D. kaki*同属，研究资料表明，柿的营养成分非常丰富，果实中水分含量占一半以上；含有可溶性糖，包括葡萄糖、蔗糖和果糖，以及淀粉、膳食纤维、粗蛋白、维生素C、β-胡萝卜素、Ca、P、K等营养物质，对本种营养成分研究有一定的指引意义。

【其他价值】（1）药用价值　柿属中有许多物种可以入药，而野柿*D. kaki* var. *sylvestris*的果萼（柿蒂）更是在我国民间具有悠久的药用历史，有开窍辟恶、行气活血、祛痰、清热凉血、润肠功效。（2）观赏价值　海南柿树形优美，可做园林绿化树种。（3）经济价值　其材质硬重，可作建筑、家具、板料、车辆、农具等用材；还可以作为野生种质资源，为我国柿子的水果种质提供更多可选择的优良性状。

137. 长苞柿

【拉丁学名】*Diospyros longibracteata* Lecomte

【形态特征】乔木，高达13m。树皮暗灰黑色或黑色，有细缝裂；枝灰黑色或黑褐色，散生纵裂的长圆形小皮孔；嫩枝绿褐色；冬芽针状，长约6mm，干时稍呈焦黑色，散生稀疏的伏柔毛。叶革质，披针形或长圆状披针形，长7～16cm，宽2～4.5cm，先端渐尖，尖头钝，基部楔形，上面深绿色，有光泽，下面浅绿色，中脉上面稍凹下，下面凸起，侧脉纤细，每边5～8条，在两面上都稍凸起，下面常较明显，斜向上弯生，在叶缘附近成弯曲的边脉；小脉纤细，在两面上都微凸起，结成细网；叶柄稍粗，长1～1.2cm，上面平坦，先端微具狭翅。雄花序单生于当年生枝的叶腋，为聚伞花序，偶或由聚伞花序组成狭而短的圆锥花序，长约1.2cm，总梗扁，长4～6mm；雄花有短梗，花萼钟状，长约3mm，两面都有小伏柔毛，里面的略疏，4裂，裂片三角形，长约1mm，宽约2mm；花冠白色；未开放时长约5mm，外面密被绢毛；花梗长约2mm，有小伏柔毛。雌花生当年生枝叶腋，单生，有短梗；花萼4裂，两面都有小伏柔毛，裂片两侧略向后折；花冠未见到。果近球形，略扁，直径约3cm，绿色，光亮，无毛，但顶端小尖头周围有棕色伏柔毛，有种子2～4颗；种子褐色，干时则常呈黑色，如果内有种子2颗时，则种子呈卵形，腹面平直，背面拱形，如有种子4颗时，则种子呈三棱形；宿存萼4深裂，里面密被褐色伏柔毛，外面的毛较稀疏；裂片两侧向后折；果柄细瘦，长约4mm。花期为5—7月，果在10月左右成熟。

【地理分布】海南乐东：尖峰岭；陵水：吊罗山；万宁：兴隆镇森林公园、龙角岭；三亚、白沙也有分布记录。生于海拔800m以下的山坡或山谷林中。

【营养成分】长苞柿的果实成熟后可食用，目前尚未见到关于其果实营养成分相关的研究报道。研究资料表明，其同属植物柿*D. kaki*的果实营养成分非常丰富，其中水分含量占一半以上，含有可溶性糖：包括葡萄糖、蔗糖和果糖，以及淀粉、膳食纤维、粗蛋白、维生素C、β-胡萝卜素、Ca、P、K等营养物质，对本种营养成分研究有一定的指引意义。

【其他价值】(1) 药用价值　柿属中有许多物种可以入药。本种或有类似功效，其药理药效功能还有待开发。(2) 经济价值　其木材可用于制作筷子及算盘子。

138. 毛柿

【拉丁学名】*Diospyros strigosa* Hemsl.

【形态特征】灌木或小乔木，高达8m。树皮黑褐色，密布小而凸起的小皮孔。幼枝、嫩叶、成长叶的下面和叶柄、花、果等都被有明显的锈色粗伏毛。枝黑灰褐色或深褐色，有不规则的浅缝裂。叶革质或厚革质，长圆形、长椭圆形、长圆状披针形，长5～14cm，宽2～6cm，先端急尖或渐尖，基部稍呈心形，很少圆形，正面有光泽，深绿色，下面淡绿色，干时上面常灰褐色，下面常红棕色，中脉正面略凹下，背面明显凸起，侧脉每边7～10条，下面突起，小脉结成疏网状，在嫩叶上的不明显；叶柄短，长约2～4mm。花腋生，单生，有很短花梗，花下有小苞片约6～8枚；苞片覆瓦状排列，上端的较大，长1.5～6mm，有粗伏毛或在脊部有粗伏毛，先端近圆形；萼4深裂至基部，裂片披针形，长约6mm，宽约2mm；花冠高脚碟状，长7～10mm，内面无毛，花冠管的顶端略缩窄，裂片4，披针形，长约3mm；雄花有雄蕊12枚，每2枚连生成对，腹面1枚较短，退化雄蕊丝状；雌花子房有粗伏毛，4室；花柱2，短，无退化雄蕊。果卵形，长1～1.5cm，鲜时绿色，干后褐色或深褐色，熟时黑色，顶端有小尖头，有种子1～4颗；种子卵形或近三棱形，长

约8mm，宽约4mm，干时黑色或黑褐色；宿存萼4深裂，裂片长约7mm，宽约4mm，先端急尖；果几无柄。花期为6—8月，█████████

【地理分布】海南三亚：三亚港附近海岸、甘什岭；乐东：鹦哥岭；东方：天安乡雅隆村、东河镇南浪村九龙山；昌江：霸王岭；保亭：金江农场；陵水：吊罗山乡白水岭；澄迈：福山镇；白沙也有分布记录。生于疏林、密林或灌丛中。

【营养成分】毛柿的果实成熟后可食用，目前尚未见到关于其果实营养成分相关的研究报道。

【其他价值】药用价值　据资料记载，毛柿的根可凉血止血，花可外用于痘疮破烂；果实有清热润肺、止渴之效。毛柿在马来西亚被作为解毒剂，用于蛇咬虫蜇；宿存花萼可降逆下气等，具有较高的药用价值。

139. 小果柿

【拉丁学名】*Diospyros vaccinioides* Lindl.

【形态特征】多枝常绿矮灌木。枝深褐色或黑褐色，嫩时纤细。嫩枝、嫩叶和冬芽有锈色柔毛。叶革质或薄革质，通常卵形，长2～3cm，宽9～12mm，较小的叶有时近圆形，先端急尖，有短针尖，基部钝或近圆形，叶边初时有睫毛，上面光亮，绿色，无毛，下面浅绿色，中脉上面初时有短柔毛，中脉在两面凸起，侧脉和小脉极不明显；叶柄很短，长约1mm，有锈色毛，后变无毛。花雌雄异株，细小，腋生，单生，近无梗；雄花长约5mm，花萼深4裂，几裂至基部；裂片披针形，有柔毛，先端急尖；花冠钟形，4裂，裂片卵形，先端急尖；雄蕊16枚，每2枚合生成对，腹面1枚较短，无毛，退化子房近球形，细小；雌花有退化雄蕊4～8枚，线形，先端急尖，无毛；子房卵形，无毛。果小，球形，直径约1cm，嫩时绿色，熟时黑色，除顶端外，平滑无毛，有种子1～3颗；种子黑褐色，椭圆形，长约8mm，直径约5mm；宿存萼4深裂，裂片披针形，长约5mm，无毛。花期为5月，果期为冬月。

【地理分布】海南陵水：大里乡；保亭有分布记录。生于密林中。

【营养成分】小果柿的果实成熟后可食用，果实营养成分相关的研究报道较少，目前仅有探明其含有葡萄糖、果糖、蔗糖。

【其他价值】（1）药用价值 柿属中有许多物种可以入药，小果柿或有类似功效，其药理药效功能还有待开发。（2）观赏价值 小果柿为优良乡土树种，树形秀美，适于作盆景栽种，是园艺造景的上佳造材。（3）经济价值 小果柿还可以作野生种质资源，为我国柿子的水果种质提供更多可选择的优良形状。因其极佳的园艺性状，该种遭受了滥采乱挖，近年野生种群已逐渐减少，已被世界自然保护联盟（IUCN）列为极危物种，面临着灭绝的危险。

三十九、报春花科 （Primulaceae）

酸藤子属 （*Embelia*）

140. 酸藤子

【拉丁学名】 *Embelia laeta* (L.) Mez.

【形态特征】攀缘灌木或藤本，稀小灌木，长1～3m。幼枝无毛，老枝具皮孔。叶片坚纸质，倒卵形或长圆状倒卵形，顶端圆形、钝或微凹，基部楔形，长3～4cm，宽1～1.5cm，稀长达7cm，宽2.5cm，全缘，两面无毛，无腺点，叶面中脉微凹，背面常被薄白粉，中脉隆起，侧脉不明显；叶柄长5～8mm。总状花序，腋生或侧生，生于前年无叶枝上，长3～8mm，被细微柔毛，有花3～8朵，基部具1～2轮苞片；花梗长约1.5mm，无毛或有时被微柔毛，小苞片钻形或长圆形，具缘毛，通常无腺点；花4数，长约2mm，花萼基部连合达1/2或1/3，萼片卵形或三角形，顶端急尖，无毛，具腺点；花瓣白色或带黄色，分离，卵形或长圆形，顶端圆形或钝，长约2mm，具缘毛，外面无毛，里面密被乳头状突起，具腺点，开花时强烈展开；雄蕊在雌花中退化，长达花瓣的2/3，在雄花中略超出花瓣，基部与花瓣合生，花丝挺直，花药背部具腺点；雌蕊在雄花中退化或几无，在雌花中较花瓣略长，子房瓶形，无毛，花柱细长，柱头扁平或几成盾状。果球形，直径约5mm，腺点不明显。花期为12月至翌年3月，果期为4—6月。

【地理分布】海南有分布记录。生于山坡疏密林下、林缘、草坡或灌木丛中。

【营养成分】酸藤子果实成熟后可食用，嫩叶也可鲜食。研究表明，其叶中营养物质十分丰富，含有水分、膳食纤维、总糖、还原糖、总酸、粗蛋白、脂肪、维生素C、黄酮类，以及K、Ca、Mg、Na、Fe、Cr、Co、Zn、Mn、Ni、Mo、Cu、Se等多种矿物质元素；但目前未见关于其果实所含营养成分的研究，而其同属植物白花酸藤果的果实中含有水分、碳水化合物、粗脂肪、粗蛋白、膳食纤维等丰富的营养物质，以及 Na、K、Ca、Mg、Cu、Zn、Mn、Fe、Cr 等多种矿物质元素，可为本种果实所含营养物质提供一定参考。

【其他价值】（1）药用价值　酸藤子其根叶可散瘀止痛，收敛止泻，对跌打肿痛、肠炎腹泻、咽喉炎、胃酸少、痛经、闭经等有功效；果具有强壮补血的功能；嫩尖及叶可生食，味酸，助消化，有强壮补血之效；根叶还可作兽药，治伤食胀气，热通口渴。酸藤子中含有 β-谷甾醇、β-胡萝卜苷、没食子酸、香草酸、芦丁、金丝桃苷、槲皮素、山奈酚、金圣草黄素等多种化合物，具有抑菌及抗氧化等活性。（2）经济价值　酸藤子属植物果实的果皮和果肉含有花色素，酸藤果色素作为加工食品的添加色素安全性高，具有一定的开发和利用价值。

141. 白花酸藤果

【拉丁学名】*Embelia ribes* Burm. f.

【形态特征】攀缘灌木或藤本，长3～6m。枝条无毛，老枝有明显的皮孔。叶片坚纸质，倒卵状椭圆形或长圆状椭圆形，顶端钝渐尖，基部楔形或圆形，长5～8cm，宽约3.5cm，全缘，两面无毛，背面有时被薄粉，腺点不明显，中脉隆起，侧脉不明显；叶柄长5～10mm，两侧具狭翅。圆锥花序，顶生，长5～15cm，稀达30cm，枝条初时斜出，以后呈辐射展开与主轴垂直，被疏乳头状突起或密被微柔毛；花梗长1.5mm以上；小苞片钻形或三角形少长约1mm，外面被疏微柔毛，里面无毛；花5数，花萼基部连合达萼长的1/2，萼片三角形，顶端急尖或钝，外面被柔毛，有时被乳头状突起，里面无毛，具腺点；花瓣淡绿色或白色，分离，椭圆形或长圆形，长1.5～2mm，外面被疏微柔毛，边缘和里面被密乳头状突起，具疏腺点；雄蕊在雄花中着生于花瓣中部，与花瓣几等长，花丝较花药长1倍，花药卵形或长圆形，背部具腺点，在雌花中较花瓣短；雌蕊在雄花中退化，较花瓣短，柱头呈不明显的2裂，在雌花中与花瓣等长或略短，子房卵珠形，无毛，柱头头状或盾状。果球形或卵形，直径3～4mm，稀达5mm，红色或深紫色，无毛，干时具皱纹或隆起的腺点。花期为1—7月，果期为5—12月。

【地理分布】海南保亭：毛感乡仙安石林；临高、定安有分布记录。生于海拔 1 000m 以下的疏林内及灌木丛中。

【营养成分】其果实可食用，味甜；嫩尖可鲜吃或作蔬菜，味酸。研究表明，其营养价值高，果实中水分含量较低，含有丰富的碳水化合物、粗脂肪、粗蛋白、膳食纤维等营养物质，以及 Na、K、Ca、Mg、Cu、Zn、Mn、Fe、Cr 等多种矿物质元素。此外，其同属植物酸藤子 *E. laeta* 的叶中营养物质亦十分丰富，含有水分、膳食纤维、总糖、还原糖、总酸、粗蛋白、脂肪、维生素 C、黄酮类，以及 K、Ca、Mg、Na、Fe、Cr、Co、Zn、Mn、Ni、Mo、Cu、Se 等多种矿物质元素；可为本种叶中营养成分提供参考。

【其他价值】（1）药用价值　据文献记载，白花酸藤果的根和叶可作药用，用于闭经、痢疾、腹泻、小儿头疮、皮肤瘙痒、跌打损伤、外伤出血、毒蛇咬伤等。（2）经济价值　其果皮和果肉还含有花色素，酸藤果色素作为加工食品的添加色素安全性高，白花酸藤果的化学成分较为特殊，主要为苯醌类成分，其地上部位具有较好的镇痛活性，地下部位具有较强的 β-羟高铁血红素形成抑制活性；此外，还有驱虫活性、抗生育活性、抗疟活性、细胞毒活性等，具有一定的开发和利用价值。

142. 瘤皮孔酸藤子

【拉丁学名】*Embelia scandens* (Lour.) Mez.

【形态特征】攀缘灌木，长2～5m。小枝无毛，密布瘤状皮孔。叶片坚纸质至革质，长椭圆形或椭圆形，顶端钝，稀急尖，基部圆形或楔形，长5～9cm，宽2.5～4cm，稀长12cm，宽4.5cm；全缘或上半部具不明显的疏锯齿，两面无毛，叶面中脉下凹，背面中、侧脉隆起，边缘及顶端具密腺点，侧脉7～9对；叶柄长5～8mm，两侧微微具狭翅。总状花序，腋生，长1～4cm，多少被微柔毛或腺状微柔毛；花梗长1～2mm，被微柔毛；小苞片钻形，长1.5～2mm，具缘毛及腺点；花5数，稀4数，长约2mm，花萼基部连合，萼片三角形，多少具缘毛，外面多少被微柔毛，里面无毛，具腺点；花瓣白色或淡绿色，分离，长2～3mm，椭圆状披针形或长圆状卵形至倒卵形，顶端圆或钝，具明显的腺点，具疏缘毛，外面无毛，里面中央尤其是基部密被乳头状突起；雄蕊在雌花中退化，着生于花瓣的1/2处，在雄花中较花瓣长，着生于花瓣的1/4处；花丝基部多少具微柔毛，花药

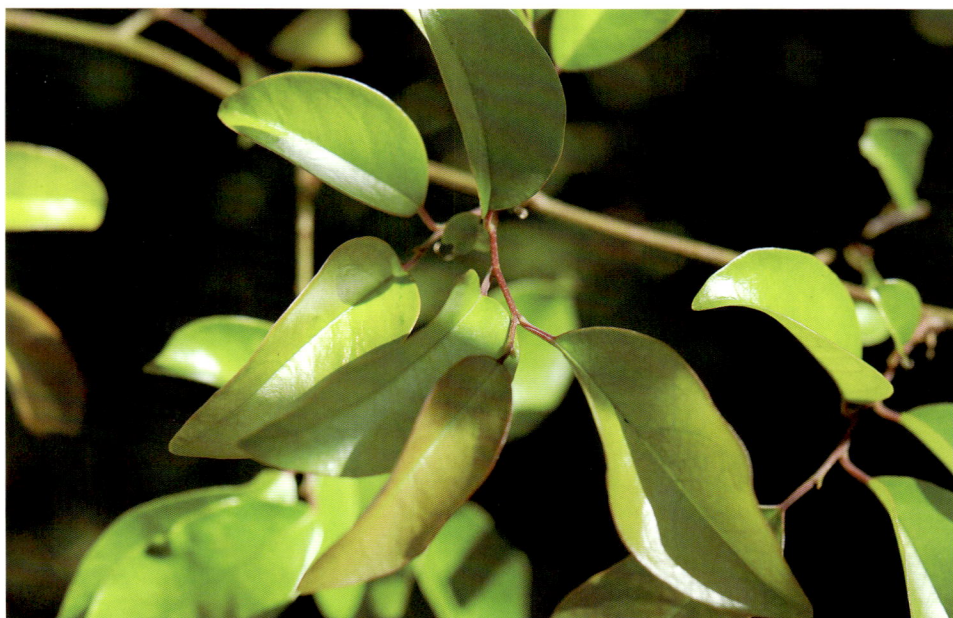

广卵形或卵形，背部具腺点；雌蕊在雄花中退化，不超过花瓣的1/2，在雌花中较长，子房卵形，无毛，花瓣脱落后，花柱伸长，柱头呈头状或浅裂。果球形，直径约5mm，红色，花柱宿存，宿存萼反卷。花期为11月至翌年1月，果期为3—5月。

【地理分布】海南三亚、保亭、万宁、琼中有分布记录。生于海拔200～850 m的山地或山谷林中。

【营养成分】其果实可食用，但目前尚无关于其营养成分的研究报道。研究表明其同属植物白花酸藤果的果实中含有水分、碳水化合物、粗脂肪、粗蛋白、膳食纤维等丰富的营养物质，以及Na、K、Ca、Mg、Cu、Zn、Mn、Fe、Cr等多种矿物质元素。

【其他价值】（1）药用价值　瘤皮孔酸藤子的根、叶可有舒筋活络，敛肺止咳功效。植物化学及药理学表明，酸藤子属植物的化学成分比较丰富，大多含有苯醌类、苯酚类、黄酮类、三萜类、苯丙素类、甾醇、挥发油类等类型化学成分，具有抗糖尿病、抗生育、驱虫、抗菌、抗肿瘤、创伤修复、神经系统心脏保护等多种生物学活性。（2）经济价值　酸藤子属植物果实的果皮和果肉还含有花色素，酸藤果色素作为加工食品的添加色素安全性高，具有一定的开发和利用价值。

四十、猕猴桃科（Actinidiaceae）

猕猴桃属（*Actinidia*）

143. 多果猕猴桃

【拉丁学名】*Actinidia latifolia* (Gardner & Champ.) Merr.

【形态特征】大型落叶藤本，着花小枝绿色至蓝绿色，一般长15～20cm，径约2.5mm，基本无毛，至多幼嫩时薄被微茸毛，或密被黄褐色茸毛，皮孔显著或不显著，隔年枝径约8mm；髓白色，片层状或中空或实心。叶坚纸质，通常为阔卵形，有时近圆形或长卵形，长8～13cm，宽5～8.5cm，最大可达15cm×12cm，顶端短尖至渐尖，基部浑圆或浅心形、截平形和阔楔形，等侧或稍不等侧，边缘具疏生的突尖状硬头小齿，腹面草绿色或橄绿色，无毛，有光泽，背面密被灰色至黄褐色短度的紧密的星状茸毛，或较长的疏松的星状茸毛，侧脉6～7对，横脉显著可见，网状小脉不易见；叶柄长3～7cm，无毛或略被微茸毛。花序为3～4歧多花的大型聚伞花序，花序柄长2.5～8.5cm，花柄0.5～1.5cm，果期伸长并增大，雄花花序远比雌性花的长，从上至下厚薄不均地被黄褐色短茸毛；苞片小，条形，长1～2mm；花有香气，直径14～16mm；萼片5片，淡绿色，瓢状卵形，长4～5mm，宽3～4mm，花开放时反折，两面均被污黄色短茸毛，内面较薄；花瓣5～8片，前半部及边缘部分白色，下半部的中央部分橙黄色，长圆形或倒卵状长圆形，长6～8mm，宽3～4mm，开放时反折；花丝纤弱，长2～4mm，花药卵形箭头状，长1mm；子房圆球形，长约2mm，密被污黄色茸毛，花柱长2～3mm，不育子房卵形，长约1mm，被茸毛。果暗绿色，圆柱形或卵状圆柱形，长3～3.5cm，直径2～2.5cm，具斑点，无毛或仅在两

端有少量残存茸毛；种子纵径2 ～ 2.5mm。

【地理分布】海南白沙：元门乡红茂村；五指山（市）：番阳镇、南圣镇同甲村；琼中：中平镇白马岭；儋州：兰洋镇莲花山；三亚、临高、澄迈有分布记录。生于海拔450 ～ 800 m的山谷、灌丛或疏林中。

【营养成分】阔叶猕猴桃成熟果实可鲜食，其果肉碧绿，晶莹透明，味酸甜而醒胃。其维生素C含量高，约是柑橘、菠萝等热带水果中维生素C含量的30倍；在猕猴桃家族中，其含量亦比其他野生称猴桃高，还含有较丰富的蛋白质、有机酸和糖类等营养成分，以及K、Ca、Cu、Mn、Zn、P、Fe等多种人体必需矿物质元素，具有很高的营养价值。除鲜食外，也可加工罐头、果酒、果汁、冲剂、果脯。

【其他价值】（1）药用价值　猕猴桃属Actinidia植物药用历史悠久，《本草拾遗》《本草衍义》《本草纲目》均有记载。而多果猕猴桃的茎、叶有清热解毒，除湿，消肿止痛功效。该属植物具有抗氧化、抗炎、抗菌、降血糖、降血脂等多种生物学活性。（2）观赏价值　本种的枝、叶、果都十分美观，适宜栽植于绿化园地作观赏植物。（3）经济价值　本属植物枝条浸出液含胶质，可供造纸业作调浆剂，并可用于建筑方面与水泥、石灰、黄泥、沙子等混合使用，可起加固作用，用以铺筑路面、晒坪和涂封瓦檐屋脊；根部可作杀虫农药；花是很好的蜜源。

144. 美丽猕猴桃

【拉丁学名】*Actinidia melliana* Hand.-Mazz.

【形态特征】中型半常绿藤本；着花小枝的距状侧生者仅长2～4cm，径约2mm，延伸长枝达30～40cm，当年枝和隔年枝都密被长达6～8mm的锈色长硬毛，皮孔都很显著；髓白色，片层状。叶膜质至坚纸质，隔年叶革质，长方椭圆形、长方披针形或长方倒卵形，长6～15cm，宽2.5～9cm，顶端短渐尖至渐尖，基部浅心形至耳状浅心形，两面的中脉和侧脉，有时扩张到腹面的横脉被有稀疏的长硬毛，或腹面较普遍地被长硬毛，背面密被糙伏毛，背面粉绿色，边缘具硬尖小齿，上部常向背面反卷，侧脉较稀疏，7～8对，叶干燥后与中脉都呈瘪扁状，网状小脉不发达，但干燥了的叶面往往呈龟裂状的细小网纹；叶柄长10～18mm，被锈色长硬毛。聚伞花序腋生，花序柄长3～10mm，两回分歧，花可多达10朵，被锈色长硬毛；花柄5～12mm；苞片钻形，长4～5mm，果期伸长至6mm；花白色；萼片5片，长方卵形，长4～5mm，背面薄被茸毛；花瓣5片，倒卵形，长8～9mm，宽5～7mm，顶端圆形多花丝2.5mm，花药黄色，长1mm；子房近球形，密被茶褐色茸毛，花柱长约3mm。果成熟时秃净，圆柱形，长16～22mm，直径11～15mm，有显著的疣状斑点，宿存萼片反折。花期为5—6月。

【地理分布】海南乐东：尖峰岭；白沙：鹦哥岭；五指山（市）：五指山。生于山地林中。

【营养成分】美丽猕猴桃成熟果实可鲜食，其果肉碧绿，晶莹透明，味酸甜而醒胃。目前的研究表明，其含有较丰富的维生素C、蛋白质、有机酸和糖类等营养成分。此外，市面上销售较多的猕猴桃果实中含有丰富的维生素C、维生素A、维生素E、维生素K、膳食纤维、有机酸、多糖、蛋白质、氨基酸等多种营养成分，以及K、Ca、Mn、Zn、P、Fe等多种人体必需矿物质元素，种子还富含有多种人体必需的不饱和脂肪酸。除鲜食外，也可加工罐头、果酒、果汁、冲剂和果脯。

【其他价值】（1）药用价值　猕猴桃属Actinidia植物药用历史悠久，《本草拾遗》《本草衍义》《本草纲目》均有记载。而美丽猕猴桃的根可止血、消炎、祛风除湿、解毒接骨。（2）观赏价值　本种的枝、叶、花果都十分美观，适宜栽植于绿化园地作观赏植物。（3）经济价值　本属植物枝条浸出液含胶质可供造纸业作调浆剂，并可用于建筑方面与水泥、石灰、黄泥、沙子等混合使用，可起加固作用，用以铺筑路面、晒坪和涂封瓦檐屋脊；根部可作杀虫农药；花是很好的蜜源。

四十一、杜鹃花科（Ericaceae）

越橘属（*Vaccinium*）

145. 南烛（别名：乌饭树）

【拉丁学名】*Vaccinium bracteatum* Thunb.

【形态特征】常绿灌木或小乔木，高 2～6m。分枝多，幼枝被短柔毛或无毛，老枝紫褐色，无毛。叶片薄革质，椭圆形、菱状椭圆形、披针状椭圆形至披针形，长 4～9cm，宽 2～4cm，顶端锐尖、渐尖，稀长渐尖，基部楔形、宽楔形，稀钝圆，边缘有细锯齿，表面平坦有光泽，两面无毛，侧脉 5～7对，斜伸至边缘以内网结，与中脉、网脉在表面和背面均稍微突起；叶柄长 2～8mm，通常无毛或被微毛。总状花序顶生和腋生，长 4～10cm，有多数花，序轴密被短柔毛稀无毛；苞片叶状，披针形，长 0.5～2cm，两面沿脉被微毛或两面近无毛，边缘有锯齿，宿存或脱落，小苞片2，线形或卵形，长 1～3mm，密被微毛或无毛，花梗短，长 1～4mm，密被短毛或近无毛；萼筒密被短柔毛或茸毛，稀近无毛，萼齿短小，三角形，长 1mm左右，密被短毛或无毛；花冠白色，筒状，有时略呈坛状，长 5～7mm，外面密被短柔毛，稀近无毛，内面有疏柔毛，口部裂片短小，三角形，外折；雄蕊内藏，长 4～5mm，花丝细长，长 2～2.5mm，密被疏柔毛，药室背部无距，药管长为药室的 2～2.5 倍；花盘密生短柔毛。浆果直径 5～8mm，熟时紫黑色，外面通常被短柔毛，稀无毛。花期为6—7月，果期为▇—10月。

【地理分布】海南乐东：尖峰岭、保国农场、黄流镇。昌江：霸王岭；陵水：乌石乡；万宁：礼纪镇茄新村青皮林自然保护区；儋州：王五镇；澄迈：福山镇、昆仑农场；定安：龙门镇、富文镇金鸡岭。生于海拔

500m以上丛林或林谷沿溪边。

【营养成分】果实成熟后酸甜可食，多汁，风味好。其浆果营养成份丰富，不仅含有糖类、有机酸、膳食纤维、脂肪、氨基酸，而且蛋白质、脂肪和维生素等含量也比一般水果都高，特别是蛋白质、烟酸的含量甚高；维生素以水溶性维生素B，维生素C最为丰富，还有β-胡萝卜素；氨基酸有17种，所含氨基酸的种类较齐全；此外，乌饭树浆果中还含有十多种矿物质元素，其中Fe、Zn、K、Ca、Mn等含量较高，特别是因其含有Mg、Zn、Cr、K等元素，对人体生理代谢及心血管疾病症状改善均大有益处。

【其他价值】（1）药用价值　乌饭树果实有益肾固精，强筋明目之效。叶可益精气，强筋骨，明目，止泻；根可散瘀，消肿，止痛，果实入药，名"南烛子"，有强筋益气、固精之效；江西民间草医用叶捣烂治刀斧砍伤。江南一带民间在寒食节（农历四月）有煮食乌饭的习惯，采摘枝、叶渍汁浸米，煮成"乌饭"。乌饭树中含有黄酮类、多酚类、多糖等多种化学物，具有抗氧化、软化血管、抗衰老、促进视红素再合成、抗贫血、改善血液微循环、抗溃疡、抗炎症，增强人体免疫力等多种药理活性；药用价值较高，开发利用潜力巨大。（2）观赏价值　夏日其叶色翠绿，秋季叶色微红，适宜栽植，可作南方自然风景区的地被植物；根干灰褐色带红，姿态优美，是制作盆景的好材料。（3）经济价值　以乌饭叶为原料提取的天然色素，是一种天然着色剂。

四十二、茜草科（Rubiaceae）

鱼骨木属（*Canthium*）

146. 猪肚木

【拉丁学名】*Canthium horridum* Bl. Bijdr.

【形态特征】灌木，高2～3m，具刺；小枝纤细，圆柱形，被紧贴土黄色柔毛；刺长3～30mm，对生，劲直，锐尖。叶纸质，卵形，椭圆形或长卵形，长2～3cm，宽1～2cm，顶端钝、急尖或近渐尖，基部圆或阔楔形，无毛或沿中脉略被柔毛；侧脉每边2～3条，纤细，在叶背面稍明显；叶柄短，长2～3mm，略被柔毛；托叶长2～3mm，被毛。花小，具短梗或无花梗，单生或数朵簇生于叶腋内；小苞片杯形，生于花梗顶部；萼管倒圆锥形，长1～1.5mm，萼檐顶部有不明显波状小齿；花冠白色，近瓮形，冠管短，长约2mm，外面无毛，喉部有倒生髯毛，顶部5裂，裂片长圆形，长约3mm，顶端锐尖；花丝短，花药内藏或微突出，长约5mm，基部被柔毛；柱头橄榄形，粗糙。核果卵形，单生或孪生，长15～25mm，直径10～20mm，顶部有微小宿存萼檐，内有小核1～2个；小核具不明显小瘤状体。花期为4—6月。

【地理分布】海南三亚：三亚港、甘什岭。乐东：尖峰岭；东方：江边乡白查村；昌江：七叉镇金鼓岭；白沙：鹦哥岭、元门乡附近；五指山（市）：番阳镇布伦村南乐山、毛阳镇青介村、番阳镇附近；保亭：七指岭；陵水：大里乡；万宁：礼纪镇茄新村青皮林自然保护区；儋州：兰洋镇观音洞、洛南村；澄迈：昆仑农场；琼海：石壁镇；文昌：铜鼓

岭；海口：东寨港。生于海拔30～100m
的灌木林中。

【营养成分】猪肚木的成熟果实可食
用，目前尚未见关于其营养成分相关的
研究，但其同属植物 *C. coromandelicum*
的叶中含有水分、糖类、粗蛋白、粗纤
维和粗脂肪等化合物，以及 K、Ca、Na、
Fe 等多种人体必需矿物质元素。

【其他价值】（1）药用价值　其根有
利水、消肿止痛功效。猪肚木中含有木
脂素类、黄酮类、香豆素类、酚类、糖
苷类、三萜类等化合物，目前比较明确的是其具有抑菌活性及较强的自由基清
除能力。（2）经济价值　本种的木材适合雕刻。

四十三、夹竹桃科（Apocynaceae）

仔榄树属（*Hunteria*）

147. 仔榄树

【拉丁学名】*Hunteria zeylanica* (Retz.) Gardner ex Thwaites

【形态特征】乔木，高达8m。树皮灰褐色；枝条灰绿色，无毛，含乳汁。叶对生，近革质，长圆形，长圆状披针形或卵状长圆形，长9～16cm，宽2.5～5cm，顶端短渐尖，钝头，基部宽楔形，两面无毛；中脉在叶面扁平，在叶背凸起，侧脉两面扁平，纤细、密生几平行，每边40条以上；叶柄长1～1.5cm。花白色，芳香，直径约1cm；10～15朵花组成伞房状的聚伞花序顶生或腋生，比叶短，长达6cm；花梗长5mm；萼片卵圆形，钝头，长1.5～1.7mm，宽约1mm，无毛，内面无腺体；花冠高脚碟状，花冠筒长7～10mm，花冠喉部膨大，外面无毛，内面在花丝以下被短柔毛，花冠裂片卵圆状长圆形，长4.8～6mm，宽2mm，两面无毛；雄蕊着生在花冠筒中部以上，长1.5mm，花丝丝状，长0.3mm，花药长圆状披针形，基部圆形，顶端急尖，与柱头分离；无花盘；心皮2，离生，无毛，长1.5mm；花柱丝状，长4mm，柱头圆锥状，顶端浅2裂。浆果2，球形，青绿色，熟时橙红色，直径1～2cm，无毛；种子1～2个，长约12mm，直径约8mm。花期为4—9月，果期为5—12月。

【地理分布】海南三亚：甘什岭；乐东：尖峰岭；昌江：王下乡、霸王岭；五指山：毛阳镇毛路村；保亭：毛感乡千龙洞；陵水：吊罗山；万宁：乌石青皮林保护区、兴隆镇南旺水库哑巴田、南桥镇铜铁岭；儋州：红岭农场；屯昌：枫木镇。生于山地林中。

【营养成分】仔榄树果熟时橙红色，可食。目前未见关于仔榄树的营养成分研究；其同属植物*H. umbellata*的种子中含有粗蛋白、膳食纤维、粗脂肪、水分、糖类的营养物质，以及K、Mg、Ca、Na、Fe、Mn等矿物质元素，可给本种提供一定参考。

【其他价值】(1) 药用价值　仔榄树的根可入药，味苦、性凉，有消炎止痛的功效。其全株含有多种生物碱及酚性成分，其中以生物碱类成分研究最多；现代药理学研究表明它们具有良好的生物活性，主要表现在抗炎镇痛、抗疟原虫、抗高血压和保护心血管系统作用等方面。(2) 经济价值　其材质坚硬，常用来做筷子。

山橙属（*Melodinus*）

148. 山橙

【拉丁学名】*Melodinus suaveolens* (Hance) Champ. ex Benth.

【形态特征】攀缘木质藤本，长达10m，具乳汁，除花序被稀疏的柔毛外，其余无毛；小枝褐色。叶近革质，椭圆形或卵圆形，长5～9.5cm，宽1.8～4.5cm，顶端短渐尖，基部渐尖或圆形，叶面深绿色而有光泽；叶柄长约8mm。聚伞花序顶生和腋生；花蕾顶端圆形或钝；花白色；花萼长约3mm，被微毛，裂片卵圆形，顶端圆形或钝，边缘膜质；花冠筒长1～1.4cm，外披

微毛，裂片约为花冠筒的1/2，或与之等长，基部稍狭，上部向一边扩大而成镰刀状或成斧形，具双齿；副花冠钟状或筒状，顶端成5裂片，伸出花冠喉外；雄蕊着生在花冠筒中部。浆果球形，顶端具钝头，直径5～8cm，成熟时橙黄色或橙红色；种子多数，犬齿状或两侧扁平，长约8mm，干时棕褐色。花期为5—11月，果期8月至翌年1月。

【地理分布】海南三亚：新盈农场；乐东：尖峰岭；东方：东河镇南浪村九龙山；牛姆岭；白沙：元门乡附近；五指山（市）：南圣镇毛祥村；保亭：通什镇毛感乡、三道镇番庭村、毛感乡仙安石林、七指岭；陵水：吊罗山；万宁：兴隆镇森林公园、东山；琼中：吊罗山乡、湾岭镇大墩村；儋州：南丰镇纱帽岭、那大镇；澄迈：昆仑农场。生于丘陵山地、山谷或石壁上。

【营养成分】目前，关于山橙营养成分的研究较少，仅发现一篇文章记载山橙的皮与种子中含有类胡萝卜素、维生素C等营养成分，含有氨基酸种类17种，种类比较齐全。山橙果实有小毒，一般做药用，应在专业人士指导下食用。

【其他价值】(1) **药用价值** 山橙果实可行气止痛，清热利尿，消积化痰。生物碱类是山橙属植物 *Melodinus* 中最重要的活性成分，目前已经发现200多个吲哚型和喹啉型生物碱类化合物。山橙含有乌苏酸、白桦酸、白桦醇、甘草素、水杨酸、β-谷甾醇、胡萝卜苷等化合物，其中多数为生物碱。(2) **观赏价值** 山橙的花果俱美，可试种于庭园中较阴湿处，或林下溪畔、池旁，可攀缘于树枝或石岩上。(3) **经济价值** 其藤皮纤维还可编制麻绳、麻袋。

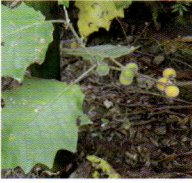

四十四、茄科（Solanaceae）

茄属（*Solanum*）

149. 毛茄

【拉丁学名】*Solanum ferox* L.

【形态特征】直立草本至亚灌木，高约1～1.5m。小枝、叶、花序及果实均密被淡黄色具节的长硬毛及不相等分枝的具长柄，短柄或无柄的星状硬毛及直刺，直刺钻形，土黄色，基部褐色，宽扁，长1～8mm或稍长。小枝尘土色，多被具短柄的星状毛及长2～5mm的直刺。叶大而厚，卵形，长10～20cm，宽8～18cm，先端短尖，基部截形，近戟形不相等，边缘有5～11个三角形波状浅裂，裂片有时有1～2个浅齿，毛被在正面较薄，多被长硬毛及无柄不相等分枝的星状毛，在下面略厚，多被具短柄的星状毛，中脉上面稍凹，下面略凸出，侧脉约与裂片同数，其上在两面均着生稀疏的细直刺；叶柄长3～5cm，多被具长柄的星状毛及直刺。蝎尾状花序腋外生，疏花，长约1.5～2cm，总花梗短，长约3mm，花梗长约1cm，具细直刺或不具；萼杯状，直径约1.5cm，外面密被具短柄及长柄的星状毛，端5裂，裂片卵状披针形，长约8mm，宽约3mm；花冠白色近辐形，筒部隐于萼内，长约1mm，无毛，冠檐长约13mm，直径约2cm，端5裂，裂片卵状披针形，长约1cm，基部宽约3～4mm，外面被具柄或无柄的星状毛；雄蕊5近无柄，花药顶端延长，卵状渐尖，长约8mm，顶孔向上；子房近卵形，中部以上被星状硬毛，花柱长约9mm，无毛，柱头截形。浆果球状，直径约2cm或过之，外面密被黄土色分枝不相等具节的星状硬毛；种子扁平，黑褐色，直径约2mm。花期在夏秋，果熟期在冬季。

【地理分布】海南三亚：甘什岭；乐东：利国镇白石岭；东方：江边乡白查村、东河镇南浪村九龙山；东方：江边乡报白老村附近；昌江：霸王岭；白沙：元门乡；保亭：毛感乡、七指岭；万宁：六连岭、兴隆镇南旺；儋州有分布记录。生于海拔100m以下的荒地或灌丛中。

【营养成分】毛茄果实成熟时可食用，东南亚地区用来做菜；目前研究发现，毛茄果实中含有大量水分，能量、蛋白质、脂肪、膳食纤维、维生素C等营养物质，以及P、K、Ca、Mg、Mn、Fe、Cu、Zn等矿物质元素；此外，毛茄的种子含有硬脂酸、棕榈酸、油酸及亚油酸，这种果实有独特的酸味，是当地人最喜欢的蔬菜和调味品，可以加工成各种产品，如脱水切片、果酱、果汁等。

【其他价值】药用价值　毛茄全株可入药，有理气消炎，止痛，活络之功效。其根可通脉定痛，散瘀消肿，用于跌打损伤、疝气。其总酚类含量大且抗氧化能力最强。

参考文献

白文鑫，等，2019. 山橙枝叶的生物碱类成分研究 [J]. 中药材，42(02): 320-323.

鲍长余，等，2011. 破布叶枝和叶中总三萜酸的含量测定 [J]. 时珍国医国药，22(04): 845-846.

卜淼淼，等，2018. 小叶九里香枝干化学成分及抑菌活性分析 [J]. 中国实验方剂学杂志，24(23): 69-76.

蔡秋，等，1996. 贵州蒲桃营养成分分析 [J]. 营养学报，18(02): 235-237.

曹波，等，2019. 余甘子的营养价值及加工利用现状研究 [J]. 现代食品，(04): 1-4.

曹利民，等，2013. 木竹子果实营养成分的测定 [J]. 中国南方果树，42(04): 126+134.

常春雷，等，2012. 乌饭树栽培技术与应用 [J]. 现代农村科技，(06): 39.

陈炳华，2000. 红腺悬钩子果实营养成分研究 [J]. 海南师范学院学报（自然科学版），13(02): 98- 101.

陈彩英，等，2020. 九里香的道地性与临床应用研究 [J]. 辽宁中医杂志，47(03): 161- 164.

陈定如，2010. 大花五桠果、秋枫、大叶合欢、南洋楹 [J]. 广东园林，32(02): 79-80.

陈海红，2006. 油梨品种的区域化表现及栽培技术研究 [D]. 南宁：广西大学.

陈杰，2014. 雷州半岛野生能源树种的调查筛选及土坛树种群遗传多样性研究 [D]. 广东：广东海洋大学.

陈杰，等，2012. 野生土坛树资源的利用研究 [J]. 广东林业科技，28(06): 77- 80.

陈金印，等，1998. 遂川金柑营养成分的分析研究 [J]. 江西农业大学学报，20(04): 3-5.

陈力，等，2016. 山小橘化学成分研究 [J]. 中药材，39(01): 90-93.

陈启，1990. 稀有的水果资源— 白桂木 [J]. 中国野生植物，(01): 20.

陈少彬，2020. 多花山竹子的研究与开发利用进展 [J]. 防护林科技，(08): 71-73.

陈旺南，2017. 历代岭南芭蕉的种植与利用考 [D]. 广州：华南农业大学.

陈瑛，等，2008. 野木瓜化学成分及其药理和临床研究进展 [J]. 沈阳药科大学学报，25(11): 924-928.

陈玉，等，2019. 五叶山小橘叶化学成分的研究 [J]. 中南民族大学学报（自然科学版），38(04): 551-555.

陈子龙，2020. 尤溪县野生芸香科植物资源与开发利用 [J]. 湖北林业科技，49(01): 59-63.

崔大方，等，2008. 广东省胡颓子属植物种质资源及果实利用评价 [J]. 植物资源与环境学报，17(01): 57-61.

崔淑君，等，2019. 白花酸藤果及主成分信筒子醌抗疟活性研究 [J]. 大理大学学报，4(02): 1-4.

崔亚飞，2012. 阔叶猕猴桃根部、卤蕨根部的抗氧化活性与化学成分的研究 [D]. 南宁：广西师范学院.

丁永丽，等，2020.雀梅藤药用研究进展 [J].中药材，43(07): 1760-1765.

董艳芬，等，2006.乌榄果降压作用的实验研究 [J].医学理论与实践，19(08): 880-882.

杜鹏，等，2017.山椒子中化学成分的研究 [J].中国医药导报，14(03): 20-22.

方忠莹，等，2017.山橙属植物生物碱类成分研究进展 [J].中国实验方剂学杂志，23(22): 218-225.

冯小飞，2013.小叶九里香香豆素类化合物研究 [D].昆明：云南大学.

冯旭，等，2013.酸藤子化学成分研究 [J].中药材，36(12): 1947- 1949.

符红梅，等，2008.面包果的应用价值及开发利用前景 [J].中国南方果树，(04): 43-44.

符小敏，2006.广东枇杷属植物的亲缘关系 [D].广州：中山大学.

福建植物志编写组，1982.福建植物志 [M].福州：福建科学技术出版社.

甘池萌格，等，2018.对叶榕化学成分及药理活性研究进展 [J].海峡药学，30(09): 32-37.

葛宇，等，2017.7 种油梨果实油脂主要成分的快速检测分析 [J].安徽农学通报，23(20): 87-88.

龚小洁，等，2014.荔枝汁中果肉沉淀物的营养成分分析及其稳定性研究 [J].广东农业科学，41(19): 90-93.

关水权，等，2010.假鹰爪茎叶的鉴别和挥发油成分研究 [J].中药材，33(05): 703-706.

广东省食品药品监督管理局，2011.广东省中药材标准 [S].第二册.广州：广东科学技术出版社，200-202.

广东省植物研究所，1974.海南植物志（第三卷）[M].北京：科学出版社.

广东食药监局，2004.广东省中药材标准（第一册）[M].广州：广东科技出版社.

郭培，等，2017.假黄皮化学成分及药理作用研究进展 [J].中成药，39(02): 380- 386.

郭文场，等，2015.新疆葡萄的营养成分与产品加工 [J].特种经济动植物，18(12): 46-49.

郭晓成，等，2019.野生果树八月炸的开发与利用 [J].西北园艺（果树），(04): 17- 19.

国家药典委员会，2015.中华人民共和国药典（一部）[M].北京：中国医药科技出版社.

韩公羽，等，1999.三种番荔枝科植物成分的生物活性研究 [J].天然产物研究与开发，11(03): 33-36.

韩加，等，2009.悬钩子属植物生物学作用研究进展 [J].中国野生植物资源，28(2): 1-4+49.

韩婧，2012.两种枣属植物和石竹中环肽及其他成分研究 [D].北京：中国科学院研究生院.

韩雨桐，等，2018.岭南山竹子化学成分及活性研究进展 [J].天然产物研究与开发，30(02): 325-331+315.

韩宙，等，2007.优良乡土香花植物假鹰爪的生物学特性和园林应用 [J].广东园林，(02): 49-50.

禾本，2019.食用鳄梨有利于肥胖人群 [J].中国果业信息，36(11): 50.

何平，等，1994.25 种海南特有植物抗癌筛选结果初步报告 [J].海南医学，05(02): 93-95+129.

和加卫，等，2005.云南省悬钩子属药用植物资源研究 [J].中草药，36(7): 1078- 1081

贺甜甜，2020.两种药用植物的活性成分研究 [D].济南：济南大学.

洪佳敏，等，2018.西番莲加工技术研究进展 [J].热带作物学报，39(11): 2321-2329.

侯丽，2012.香椿和割舌树的化学成分及其生物活性研究 [D].昆明：云南中医学院.

胡建香, 等, 2003. 野生果树——木奶果 [J]. 中国南方果树, (04): 49.

胡祖艳, 等, 2014. 槟榔青茎皮的化学成分研究 [J]. 天然产物研究与开发, 26(A02): 190-193.

黄大建, 等, 2017. 贵州优质构树果实品质及矿质元素分析 [J]. 食品研究与开发, 38(13): 154-157.

黄峰, 等, 2012. 东风橘的化学成分和药理活性研究进展 [J]. 现代药物与临床, 27(01): 49-51.

黄华花, 等, 2020. 金橘质量标准的研究 [J]. 中成药, 42(04): 1017-1020.

黄世满, 等, 1998. 海南岛树木资源(续6)[J]. 热带林业, (02): 80-82.

黄世满, 等, 1999. 海南岛树木资源(续7)[J]. 热带林业, (01): 45-47.

黄晓冬, 2003. 赤楠叶片显微形态、植物体化学成分与抗菌活性的初步研究 [D]. 福州：福建师范大学.

黄晓冬, 等, 2006. 酸藤子(Embelia laeta) 叶营养成分分析与评价 [J]. 食品与发酵工业, 32(07): 108-110.

黄永中, 2012. 大管化学成分及其生物活性的研究 [D]. 重庆：重庆大学.

季宇彬, 等, 2003. 仙人掌的药用研究 [J]. 哈尔滨商业大学学报(自然科学版), 19(03): 259-263+266.

江纪武, 2005. 药用植物辞典 [M]. 天津：天津科学技术出版社.

江庆中, 符树根, 况小宝, 等, 2004. 枳椇综合利用研究 [J]. 江西林业科技, (06): 3-6.

江苏中医学院, 2006. 中药大辞典 [M]. 上海：上海科学技术出版社.

江仙凤, 等, 2020. 青果有效成分的提取工艺研究进展 [J]. 生物技术, 30(03): 307-311.

金琰, 2016. 欧洲的果酱市场将持续增长 [J]. 世界热带农业信息, (09): 37.

康金林, 等, 2019. 桃金娘扦插繁育试验 [J]. 北方园艺, (20): 81-85.

寇宗 (宋), 1990. 本草衍义 [M]. 北京：人民卫生出版社.

蓝瑜华, 等, 2013. 橄榄栽培管理技术 [J]. 中国园艺文摘, 29(10): 194-195.

李碧洳, 等, 2017. 水翁幼苗生长规律研究 [J]. 浙江林业科技, 37(01): 41-46.

李春香, 等, 1990. 一种良好的饮料源——桂木果实的研究 [J]. 广西热作科技, (4): 24-27.

李德骏, 2017. 罗望子(酸角) 文献综述 [J]. 山西农经, (17): 82-83.

李德燕, 2008. 贵州野生葡萄种质资源研究 [D]. 贵阳：贵州大学.

李华丽, 等, 2019. 猕猴桃的营养价值及其加工应用 [J]. 湖南农业科学, (01): 119-122.

李君丽, 等, 2013. 阔叶五层龙醋酸乙酯部位的化学成分研究 [J]. 现代药物与临床, 28(03): 274-277.

李莉, 等, 2017. 粗叶悬钩子Rubus alceaefolius Poir. 果实营养成分特征研究 [J]. 食品科技, 42(06): 72-75.

李莉萍, 2012. 西番莲综合开发利用研究进展 [J]. 安徽农业科学, 40(28): 13840-13843+13846.

李时珍 (明), 1930. 本草纲目(五)[M]. 上海：商务印书馆.

李薇, 等, 2018. 深圳市内伶仃岛山蒲桃 + 红鳞蒲桃 - 小果柿群落结构及其物种多样性特征 [J]. 生态科学, 37(02): 173-181.

李小宝, 等, 2017. 沙煲暗罗精油化学成分的GC-MS 分析及抗肿瘤活性 [J]. 中国实验方剂学杂志, 23(17): 58-62.

李正丽, 等, 2006. 云南野生大树杨梅果实营养成分分析 [J]. 云南农业大学学报, 21(04): 541-544.

李植飞, 等, 2015. 容县乌榄叶挥发油化学成分及抗氧化活性分析 [J]. 南方农业学报, 46(02): 317-321.

梁容, 2019. 牛油果种子含有抗癌成分 [J]. 中国果业信息, 36(09): 45.

梁瑞龙, 等, 2005. 广西栲属植物及其开发利用研究 [J]. 广西林业科学, 34(03): 3-7.

梁文娟, 2011. 红毛丹和石榴果壳化学成分及其脂肪酸合成酶抑制活性研究 [D]. 福州：福建农林大学.

廖继忠, 2011. 锈毛莓化学成分及药效学研究 [D]. 福州：福建农林大学.

林春瑶, 等, 2020. 黄皮功能成分及加工研究进展 [J]. 中国酿造, 39(11): 25- 29.

林大都, 等, 2014. 蒲桃茎化学成分及其体外细胞毒活性研究 [J]. 中草药, 45(14): 1993- 1997.

林鹏程, 等, 2005. 白花酸藤果化学成分的研究 [J]. 中国中药杂志, 30(15): 1215- 1216.

林顺权, 2017. 枇杷属野生种种质资源的研究与创新利用进展 [J]. 园艺学报, 44 (9): 1704-1716.

林煜书, 2012. 毛茄叶部之抗氧化成分研究 [D]. 台南：嘉南药理大学药物科技研究所.

林志玲, 2006. 酸藤果的营养和色素的研究 [J]. 江西农业学报, 18(03): 86-88.

凌春耀, 等, 2017. 酸藤子提取物及其抑菌作用的研究 [J]. 吉林农业科技学院学报, 26(01): 11-13.

刘宝玉, 等, 2020. 桃金娘的人工栽培及其药食两用价值研究进展 [J]. 中药材, 43(09): 2304-2312.

刘冰晶, 等, 2012. 细基丸叶和茎总三萜含量测定 [J]. 广州化工, 40(21): 109- 111.

刘布鸣, 等, 2015. 野生与栽培千里香挥发油化学成分分析研究 [J]. 香料香精化妆品, (06): 21-24.

刘德兵, 等, 2008. 海南省野生及栽培果树资源(续)[J]. 中国南方果树, 37(06): 26-28.

刘桂艳, 等, 2004. 山龙眼属药用植物有效成分研究概况 [J]. 中草药, 35(5): 117- 119.

刘建华, 等, 2003. 买麻藤挥发油成分分析 [J]. 生物技术, 13(01): 19-20.

刘剑锋, 等, 2019. 乌饭树果实中氨基酸种类及含量的地理差异分析 [J]. 经济林研究, 37(01): 117- 124+154.

刘健, 2018. 白花酸藤果与匙萼金丝桃的化学成分与生物活性研究 [D]. 大理：大理大学.

刘抗伦, 等, 2013. 冷饭藤的化学成分及其体外抗肿瘤活性 [J]. 广州中医药大学学报, 30(06): 843-848.

刘孟军, 1998. 中国野生果树 [M]. 北京：中国农业出版社.

刘明生, 2008. 黎药学概论 (第 1 版)[M]. 北京：人民卫生出版社.

刘伟强, 2019. 果用红锥林培育技术及推广应用效果 [J]. 现代农业科技, (09): 149- 150.

刘文君, 等, 2018. 水翁花 1 个抗炎活性的新橙酮 [J]. 中国中药杂志, 43(07): 1467- 1470.

刘晓庚, 等, 2000. 南酸枣果实的成分分析 [J]. 中国野生植物资源, 19(03): 35-40.

刘旭辉，等，2013.桂西北岩溶地区桑科榕属植物果实多糖含量比较 [J].河池学院学报，33(05): 7-13.

刘艳清，等，2014.不同方法提取乌墨叶挥发油化学成分的研究[J].中成药，36(05): 1091-1094.

卢昌华，等，2019.粗叶悬钩子的生药学研究[J].中药材，42(09): 2019-2024.

卢海啸，等，2015.二色波罗蜜茎的化学成分 [J].中成药，37(04): 801-804.

鲁刚宁，等，2016.红腺悬钩子在重庆涪陵人工种植价值初探 [J].重庆工贸职业技术学院学报，12(01): 8-10.

陆海南，等，2012.榕树果营养成分研究[J].安徽农业科学，40(08): 4618-46.

陆石英，等，2020.药食两用枳椇的研究进展[J].食品安全质量检测学报，11(06): 1865-1870.

陆耀东，等，2003.银柴采种与育苗 [J].林业实用技术，(06): 25-26.

罗剑斌，等，2015.野生水果胭脂子(红桂木)的驯化利用价值概述[J].中国南方果树，44(03): 166-169.

罗良才，2002.滇产另 15 种热带材识别与利用初步研究[J].云南林业科技，(04): 57-62. 罗清，等，2009.广东省地产药材水翁花的研究概述 [J].亚太传统医药，5(2): 130-132.

吕镇城，等，2014.乌榄果化学成分研究[J].中药材，37(10): 1801-1803.

马碧发，1981.紫胶虫夏代优良寄主树——青果榕 [J].福建林业科技，(S4): 9-13.

马博，等，2018.野生芭蕉花与假茎的营养成分分析 [J].食品工业，39(06): 313-316.

马延蕾，等，2017.海南黄皮枝叶的化学成分研究 [J].中草药，48(21): 4387-4392.

马子玉，等，2019.多花山竹子果实化学成分研究 [J].中草药，50(01): 17-21.

毛云玲，等，2015.云南黑老虎不同种源氨基酸和其他指标的分析与评价 [J].氨基酸和生物资源，37(2): 14-19.

梅全喜，2011.广东地产药材研究 [M].广州：广东科学技术出版社.

孟祥娟，等，2011.悬钩子属植物化学成分及药理活性研究进展 [J].天然产物研究与开发，23(4): 767-775, 788.

纳智，2006.三种黄皮属植物叶挥发油化学成分的研究[J].生物质化学工程，40(02): 19-22.

南京中医药大学，2006.中药大辞典 [M].上海：上海科学技术出版社.

聂垣东，等，2011.藤春的化学成分[J].医学信息(中旬刊)，24(02): 757.

欧世坤，等，2007.2 种热带珍稀果树蛋黄果和蛋黄桃榄果在粤西引种试验及其发展潜力分析 [J].广东林业科技，(03): 49-53.

彭丽华，等，2010.露兜树属植物化学成分和药理活性研究进展 [J].中药材，33(04): 640-643.

彭密军，等，2000.火焰原子吸收法测定黑老虎中八种矿质元素 [J].光谱学与光谱分析，20(1): 89-90.

蒲彪，等，1994.罗望子果肉的营养成分分析[J].四川农业大学学报，12(4): 455-457.

蒲海燕，2017.牛油果奶昔的工艺研究[J].饮料工业，20(1): 46-49.

濮江，等，2010.HPLC 法测定阔叶五层龙中儿茶素类成分的含量 [J].中国中医药信息杂志，17(01): 47-48.

钱学射，等，2010. 鳄梨资源的开发利用 [J]. 中国野生植物资源，29(5): 23-25.

曲东，等，1990. 野生浆果悬钩子营养成份分析 [J]. 中国野生植物，(3): 10- 12.

全国中草药汇编编写组，1996. 全国中草药汇编上册 [M]. 第 2 版. 北京：人民卫生出版社.

全国中草药汇编编写组，1996. 全国中草药汇编下册 [M]. 第 2 版. 北京：人民卫生出版社.

任刚，等，2015. 二色波罗蜜叶挥发油化学成分的气相色谱- 质谱联用分析 [J]. 时珍国医国药，26(01): 35-36.

任先达，等，2007. 刺果紫玉盘素 J 的体内外抗肿瘤作用 [J]. 中草药，(10): 1527- 1530.

桑建忠，等，1995. 中国东南部部分悬钩子果实的营养成分 [J]. 植物资源与环境，4(2): 22- 26.

邵泰明，等，2018. 大果榕根中异黄酮类成分的研究 [J]. 有机化学，38(03): 710-714..

史文斌，等，2018. 油梨饮料加工护色技术研究 [J]. 安徽农业科学，46(34): 158- 159+178.

宋晓虹，等，2008. 假鹰爪鲜花挥发油成分研究 [J]. 天然产物研究开发，20: 846- 851.

苏曼曼，等，2003. 越南悬钩子和南欧球花对正常及链脲佐菌素致糖尿病大鼠的降血糖作用 [J]. 国外医药 (植物药分册)，18(6): 263.

苏茂森，1985. 杨梅的用途和栽培技术 [J]. 广东林业科技，(5): 21-22, 33.

苏秀芳，等，2009. 人面子根挥发油化学成分的研究 [J]. 时珍国医国药，20(04): 771-772.

孙懂华，等，2015. 降真香化学成分及药理作用研究进展 [J]. 中国实验方剂学杂志，21(18): 231-234.

孙贵聪，2006. 油梨的深加工 [J]. 广西热带农业，(06): 15.

孙丽丽，等，2018. 光滑黄皮枝叶中化学成分研究 [J]. 广东化工，45(17): 1-2.

孙延军，等，2011. 优良的园林观赏植物——文定果 [J]. 广东园林，33(01): 55-56.

覃迅云，等，2002. 中国瑶药学 [M]. 北京 : 民族出版社.

覃振师，等，2017. 乌榄果实品质的相关性研究 [J]. 中国南方果树，46(02): 95-97.

谭琳，等，2016. 大果榕果实乙醇提取物抗氧化活性及对 α - 葡萄糖苷酶和乙酰胆碱酯酶抑制活性 [J]. 食品科学，37(13): 77-81.

谭小丹，等，2016. 乌饭树的营养价值及其开发利用 [J]. 农产品加工，(08): 59-62.

汤承旗，等，1992. 南酸枣资源开发利用现状和对策 [J]. 林业科技开发，(03): 53-54.

汤秋玲，等，2009. 九里香属植物的研究进展 [J]. 安徽农业科学，37(24): 11523-11525+11529.

汤秀华，等，2014. 油梨的营养功效与经济价值 [J]. 中国热带农业，(04): 42-44.

唐铁鑫，等，2007. 野牡丹属药用植物黄酮类成分比较 [J]. 中药材，30(08):912-913.

田素梅，等，2018. 文定果营养成分及抗氧化性分析 [J]. 农产品加工，(22): 54- 55+58.

田甜，等，2020. 壳斗科柯属与厚鳞柯植物资源研究现状及展望 [J]. 食品工业，41(4): 255-259.

仝永斌，等，2013. 山橙枝叶化学成分研究 [J]. 中药材，36(03): 398-401.

佟显松，2009. 国家级珍稀濒危树种——富宁县白桂木及其果实的研究与开发利用 [J]. 云南农业科技，(03): 21.

童彤，2019a. 鳄梨核可预防心血管疾病和癌症 [J]. 中国果业信息，36(07): 49.

童彤，2019b. 鳄梨有助降低不利胆固醇 [J]. 中国果业信息，36(11): 49.

王朝婷，等，2017. 野生茅莓的加工利用研究现状 [J]. 现代园艺，(07): 26-28.

王春梅, 等, 2018. 鹊肾树研究综述及其应用前景 [J]. 现代园艺, (03): 36-38.

王海杰, 等, 2013. 木奶果资源的研究应用 [J]. 现代农业科技, (21): 122- 123.

王惠君, 等, 2015. 广西优质黄皮种质资源探讨 [J]. 河北林业科技, (03): 65-66.

王立, 等, 2018. 乌饭树资源开发利用研究进展 [J]. 中草药, 49(17): 4197-4204.

王曼曼, 等, 2019. 葫芦科作物果实糖积累及其调控研究进展 [J]. 植物生理学报, 55(07): 941-948.

王仕玉, 等, 2008. 六种滇产悬钩子的果实品质评价 [J]. 北方园艺, (06): 7-9.

王文林, 等, 2011. 野生桃金娘果实营养成分分析与评价 [J]. 中国南方果树, 40(02): 48-49.

王晓仙, 等, 2015. 红毛悬钩子根的化学成分研究 [J]. 中国药师, 18(06): 913-916.

王秀丽, 等, 2013. 山椒子果实营养成分分析及其种子育苗试验 [J]. 热带农业科学, 33(01): 20-24.

王彦平, 等, 2016. 枳椇子营养成分和总黄酮含量分析及评价 [J]. 食品研究与开发, 37(24): 21-24.

王艳林, 等, 1994. 拐枣的食用价值研究—Ⅰ: 营养成份分析 [J]. 实用医学进修杂志, 22(1): 43-45.

韦一飞, 等, 2017. 粗叶悬钩子化学成分和药理作用研究概况 [J]. 中国民族民间医药, 26(21): 63-66.

吴建宇, 等, 2017. 人面子播种育苗技术研究 [J]. 安徽农学通报, 23(19): 87+103.

吴捷, 2017. 食用仙人掌的生态和经济价值 [J]. 林业勘查设计, (01): 85-86.

吴昕洁, 等, 2012. 甘孜仙人掌果营养分析研究 [J]. 食品与发酵科技, 48(06): 92-94.

夏其乐, 等, 2005. 杨梅的营养价值及其加工进展 [J]. 中国食物与营养, (06): 21-22.

夏振岱, 1992. 《中国植物志》——全世界最大的一部植物志 [J]. 中国科学院院刊, (1): 83-84.

向方桃, 等, 2020. 千里香中黄酮类成分的分离鉴定及抗氧化活性研究 [J]. 天然产物研究与开发, 32(10): 1683- 1687.

肖宁, 等, 2011. 海南长臂猿食物中脂肪酸和纤维素的分析 [J]. 中国食品工业, (06): 66-69.

谢聃, 等, 2007. 刺葡萄皮色素的提取及性能测定 [J]. 酿酒科技, (01): 23-27.

谢玮, 2019. 黔东黑老虎果营养品质评价 [J]. 食品工业科技, 40(11): 249-253.

谢远程, 等, 2004. 乌饭树浆果营养成分分析及其开发 [J]. 中国野生植物资源, 23(03): 28-35.

谢宗万, 等, 1996. 全国中草药名鉴 [M]. 北京: 人民卫生出版社.

邢福武, 2012. 海南植物物种多样性编目 [M]. 武汉: 华中科技大学出版社.

徐文豪, 等, 1984. 贡甲根中生物碱的化学研究 [J]. 化学学报, 42(09): 899-905.

许嵘, 等, 2012. 余甘子研究概况 [J]. 海峡药学, 24(01): 45-46.

许树培, 等, 1991. 海南岛一种高维生素C的野生果树种质——阔叶猕猴桃 [J]. 热带作物研究, (04): 44-47.

许又凯, 等, 2002. 中国云南热带野生蔬菜 [M]. 北京: 科学出版社.

杨寒冰, 2017. 仔榄树枝叶的生物碱类成分研究 [D]. 广州: 暨南大学.

杨连珍, 等, 2005. 红毛丹研究综述 [J]. 热带农业科学, (01): 48-53.

杨林军, 等, 2015. 酸藤子属植物的研究进展 [J]. 中药材, 38(8): 1761- 1767.

杨念云, 等, 1999. 藤春中生物碱的研究 [J]. 中国药科大学学报. (03): 3-5.

杨琴芳, 等, 2009. 买麻藤提取物抑制黄嘌呤氧化酶活性实验研究 [J]. 江苏中医药, 41(12): 77-78.

叶国盛, 2005. 野果奇葩——黑老虎 [J]. 特种经济动植物, (03): 37.

易文芳, 等, 2015. 二色波罗蜜根化学成分研究 [J]. 中药材, 38(05): 972-974.

应慧卿, 等, 1987. 酸角的研究与应用 [J]. 中国野生植物, (4): 15- 18.

袁瑾, 等, 2012. 雀梅藤营养成分分析 [J]. 氨基酸和生物资源, 34(04): 51-53.

云南省药材公司, 1993. 云南中药资源名录 [M]. 北京: 科学出版社.

张佳艳, 等, 2016. 西番莲果汁的研究进展 [J]. 食品研究与开发, 37(11): 219-224.

张进, 等, 2014. 冷饭藤化学成分及其毒性评价的研究 [J]. 药学学报, 49(09): 1296- 1303.

张坤泉, 等, 2008. 浅谈乌榄药用的研究进展 [J]. 中国实用医药. 3(20): 183- 184.

张露, 等, 2019. 桄榔淀粉老化特性的研究 [J]. 食品研究与开发, 40(18): 25-30.

张奇志, 等, 2012. 广东杨梅果的主要营养成分分析 [J]. 食品研究与开发, 33(03): 181- 183.

张少敏, 等, 2012. 桃金娘色素稳定性及初步分离研究 [J]. 食品工业科技, 33(5): 299-305.

张绍云, 等, 2009. 拉祜族民间特色药用植物 [M]. 昆明: 云南民族出版社.

张怡, 等, 2008. 福建省主栽柚子品种营养与保健成分的分析 [J]. 营养学报, (05): 520-522.

张月, 等, 2014. 龙珠果药学研究概况 (英文)[J]. Agricultural Science & Technology, 15(07): 1113-1116.

赵献民, 等, 2015. 浙江省农家柿品种果实营养成分的变异分析 [J]. 西北农林学报 (自然科学版), 43(01): 125- 133.

赵一鹤, 等, 2005. 酸角综合利用的现状及发展趋势 [J]. 林产化学与工业, 25(2): 122- 126.

赵赟, 2009. 荔枝果肉营养成分及其相关功能性研究 [D]. 广州: 华南农业大学.

郑洁, 2015. 我国不同品种金柑主要营养及功能成分研究 [D]. 重庆: 西南大学.

郑水庆, 等, 1998. 假鹰爪属植物挥发油成分的比较研究 [J]. 中国药学杂志, 33(8): 461.

植飞, 等, 2001. 藤春属植物的研究概况 [J]. 中药材, (11): 845-848.

中国科学院昆明植物研究所, 1995. 云南植物志 [M]. 北京: 科学出版社.

中国科学院中国植物志编辑委员会, 1978. 中国植物志 [M]. 北京: 科学出版社.

中国农业大学, 2015. 小花山小橘中分离的抗虫成分: CN201410087594.4[P]. 09- 15.

中华本草编辑委员会, 1999. 中华本草 [M]. 上海: 上海科学技术出版社.

钟超, 等, 2019. 青橄榄营养成分及加工现状研究进展 [J]. 现代农业科技, (19): 224-227.

钟桂红, 等, 2008. 乌榄果及其种子营养成分分析 [J]. 江西化工, (03): 81-82.

钟惠民, 等, 2009. 红树林植物露兜树营养成分分析 [J]. 氨基酸和生物资源, 31(02): 79-80.

钟丽美, 等, 2020. 南酸枣及其种植技术要点解析 [J]. 现代园艺, 43(15): 65-66.

钟曼茜, 等, 2016. 6 个不同红毛丹品种果实品质模型评价 [J]. 热带作物学报, 37(09): 1690-1694.

钟思强, 2002. 油梨的营养价值和保健作用 [J]. 广西热带农业, (04): 19-21.

周波,等,2004.山小橘叶与果实挥发油成分的GC-MS分析[J].中药材,(09): 640-645.

周丹,等,2011.山地五月茶化学成分预试研究[J].中国医药导报,8(13): 37-38.

周光雄,等,2007.刺果紫玉盘的化学成分研究[J].天然产物研究与开发,(03): 433-435.

周红,等,2018.山椒子的研究进展[J].南方农业,12(14): 58-59.

周杰,等,2020.露兜树生物生态学特性及造林技术研究进展[J].防护林科技,(02): 62-64+70.

周世良,等,2013.阔叶五层龙石油醚部位化学成分研究[J].中国实验方剂学杂志,19(24): 129-132.

周伟,等,2016.中国柯属(壳斗科)植物资源与开发利用[J].中国野生植物资源,35(04): 60-62.

周祝,等,2002.小叶买麻藤藤茎化学成分的研究[J].中草药,27(03): 22-23.

邹建文,等,2019.黑老虎果实的加工特性与营养成分[J].湖南农业大学学报(自然科学版) 45(6): 679-684.

邹联新,1997.国产九里香属植物的生药学研究[D].上海: 第二军医大学.

邹联新,等,1998.小叶九里香叶挥发油成分分析[J].中药材,21(11): 569-571.

邹联新,等,1999.翼叶九里香叶挥发油化学成分的研究[J].中国药学杂志,34(10): 3-5.

曾广辉,等,1978.东风桔及东风桔生物碱药理研究初报[J].广东医学,(8): 19.

曾贵俊,等,2020.阔叶蒲桃的化学成分研究[J].云南师范大学学报(自然科学版),40(06): 50-52.

E. CORONEL R,等,1987.菲律宾有发展前途的热带果树[J].热带作物译丛,(2): 50-57.

KUMAR S,等,2011.五桠果提取物对糖尿病大鼠的降血糖及降血脂作用[J].中西医结合学报,09(5): 570-574.

ADESANYA S A, et al., 1999. Rubiginoside, a farnesyl glycoside from Lepisanthes rubiginosa[J]. Phytochemistry, 51: 1039-1041.

AL-GBOORI B, et al., 2010. Importance of date palms as a source of nutrition[J]. Agricutura Tropica et subtropica. 43(4): 341-347.

Al-ZIKRI P N H, et al., 2016. Cytotoxic activity of Luvunga scandens against human cancer cell lines[J]. Jurnal Teknologi, 78(10): 153-157.

AMALIA F, et al., 2013. Extraction and Stability Test of Anthocyanin from Buni Fruits (Antidesma Bunius L) as an Alternative Natural and Safe Food Colorants[J]. Journal of Food & Pharmaceutical Sciences, 1(2): 49-53.

ASHA B, et al., 2015. Determination of Nutritive Value and Mineral Elements of Some Species of Genus Memecylon Linn. from Central Western Ghats[J]. Science Technology & Arts Research Journal, 4(4): 58-64.

AUSTIN R, 2007. Those Who Bring the Flowers: Maya Ethnobotany in Quintana Roo, Mexicoby Eugene F. Anderson; José Cauich Canul; Arora Dzib; Salvador Flores Guido; Gerald Islebe; Felix Medina Tzuc; Sánchez Sánchez; Partor Valdez Chale[J]. Economic Botany, 61(1):106-107.

AZIZ M A, 2015. Qualitative phytochemical screening and evaluation of anti-inflammatory, analgesic and antipyretic activities of Microcos paniculata barks and fruits[J]. Journal of Integrative Medicine, 13(3): 173-184.

BADAMI S, et al., 2005. Antioxidant activity of Aporosa lindleyana root[J]. Journal of Ethnopharmacology, 101(1-3): 180-184.

BERGH B, et al., 1986. Taxonomy of the Avocado[J]. California Avocado Society Yearbook, 70, 135-145.

BLÜTHGEN N, et al., 2004. Sugar and amino acid composition of ant-attended nectar and honeydew sources from an Australian rainforest[J]. Austral Ecology, 29(4): 418-429.

CHANDRIKA U G, et al., 2005. Series No. 1 Identification and HPLC Quantification of Carotenoids of the Fruit Pulp of Chrysophyllum Roxburghii[J]. Journal of the National Science Foundation of Sri Lanka, 33(2): 93-98.

CHEN J, et al., 1999. Ethnobotanical studies on wild edible fruits in southern Yunnan: Folk names; Nutritional value and uses[J]. Economic Botany, 53(1): 2-14.

CHUANGBUNYAT J, et al., 2011. A comparative study of the essential oil from flowers and fruits of lepisanthes rubiginosa (Roxb.) Leenh[J]. Acta Pharmaceutica Sciencia, 53(4): 535-542.

DE U C, et al. 2014. Preliminary screening for in vitro anti-enteritic properties of a traditional herb Dillenia pentagyna Roxb. fruit extracts[J]. Asian Pacific Journal of Tropical Medicine, 7(1): 332-341.

DERMARDEROSIAN A, et al., 2002. The Review of Natural Products: The Most Complete Source of Natural Product Information[M]. St Louis: Facts and Comparisions.

DUTTA D, et al., 2017. Wild edible plant species in patch vegetations of Jorhat district, Assam, India[J]. International Journal of Biological Sciences, 6(3): 14-25.

FARAHZETY A M, 2016. Current Status and Future Prospects of Vegetable Grafting in Malaysia[C]. International Workshop on Grafting to Improve Fruit-Vegetable Production.

FUJIOKA T, et al., 1994. Anti-AIDS Agents, 11. Betulinic Acid and Platanic Acid as Anti-HIV Principles from Syzigium claviflorum, and the Anti-HIV Activity of Structurally Related Triterpenoids[J]. Journal of Natural Products, 57(2): 243-247.

GARG S, et al., 1966. Chemical examination of the seed fat of Solanum ferox[J]. Fette, Seifen, Anstrichmittel, 68: 449-450.

GAUTAM R S, et al., 2020. Wild Edible Fruits of Nepal[J]. International Journal of Applied Science and Biotechnology, 8(3): 289-304.

GONZALES R L, et al., 2019. Chemical Constituents of the Plant Antidesma ghaesembilla[J]. Chemistry of Natural Compounds, 55(2): 1-4.

HAKKINEN M, et al., 2010. A New Combination and a New Variety of Musa itinerans (Musaceae) [J]. Acta Phytotaxonomica et Geobotanica, 61(1): 41-48.

HAKKINEN M, et al., 2008. Musa itinerans (Musaceae) and Its Intraspecific Taxa in China[J]. Novon, 18(1): p. 50-60.

图书在版编目（CIP）数据

海南野生果树资源图鉴/王甲水，马蔚红主编．——
北京：中国农业出版社，2023.10
ISBN 978-7-109-31158-9

Ⅰ．①海…　Ⅱ．①王…②马…　Ⅲ．①野生果树－植
物资源－海南－图集　Ⅳ．①S66-64

中国国家版本馆CIP数据核字（2023）第187403号

中国农业出版社出版
地址：北京市朝阳区麦子店街18号楼
邮编：100125
责任编辑：黄　曦
版式设计：王　晨　　责任校对：张雯婷　　责任印制：王　宏
印刷：北京缤索印刷有限公司
版次：2023年10月第1版
印次：2023年10月北京第1次印刷
发行：新华书店北京发行所
开本：700mm×1000mm　1/16
印张：19.5
字数：350千字
定价：98.00元